吃果

Fun Facts about the Fruits and Vegetables in Chinese 24 Solar Terms

24节气时令蔬果趣史

gaatii
光体
著

重庆出版集团 重庆出版社

图书在版编目(CPI)数据

吃果：24节气时令蔬果趣史 / gaatii光体著. --
重庆：重庆出版社, 2021.8
ISBN 978-7-229-16004-3

Ⅰ.①吃… Ⅱ.①g… Ⅲ.①蔬菜－普及读物②水果
－普及读物 Ⅳ. ①S63-49②S66-49

中国版本图书馆CIP数据核字(2021)第172868号

吃果——24节气时令蔬果趣史

CHI GUO——24 JIEQI SHILING SHUGUO QUSHI

gaatii光体 著

策　　划　夏　添　张　跃
责任编辑　张　跃
责任校对　何建云

策划总监　林诗健
编辑总监　陈晓珊　柴靖君
设计总监　陈安盈
插画创作　张蓓蕾
编　　辑　聂静雯
设　　计　林诗健　陈安盈

销售总监　刘蓉蓉
邮　　箱　1774936173@qq.com
网　　址　www.gaatii.com

重庆出版集团
重庆出版社 出版

重庆市南岸区南滨路162号1幢　邮政编码：400061　http://www.cqph.com
佛山市华禹彩印有限公司印制
重庆出版集团图书发行有限公司发行
E-MAIL:fxchu@cqph.com　邮购电话：023-61520678
全国新华书店经销

开本：787mm×1092mm　1/16　印张：12.5
2022年1月第1版　2022年1月第1次印刷
ISBN　978-7-229-16004-3
定价：168.00元

如有印装质量问题，请向本集团图书发行有限公司调换：023-61520678

序言

春雨惊春清谷天，夏满芒夏暑相连，

秋处露秋寒霜降，冬雪雪冬小大寒。

中国传统的节气歌，蕴含着古人一年四季春耕秋收的智慧，也蕴含着植物生长的秘密。

父辈们都说要吃时令的瓜果蔬菜，那到底每个节气前后，都有哪些对应的时令蔬果呢？

立春，草莓成熟，酸酸甜甜的味道让人垂涎，一口咬下，心情也立马变得舒畅起来。

夏至，吹弹可破的荔枝时间正好。挑选的时候要确保果皮红润，无褐斑和果蒂无渗水。

秋分，吃梨。单手可握的大小，汁水饱满，梨子一整个啃起来再畅快不过。

大寒，天冷地冻，从养生角度来说宜吃温性的水果，满大街黄澄澄的橘子正合适。

本书除了遵循自然的蔬果时令知识之外，我们还能从中了解到各种瓜果蔬菜的由来、原产地区和传播趣史，下次再品尝时自然别有一番不同的味道。

一朵花的结构

雄蕊由花药和花丝组成，花药能产生含有精细胞的花粉。

苹果花

花瓣

雌蕊

雄蕊

花萼

花托

花柄

花托位于花柄顶端，比花柄略膨大，承托着花朵的各个部分。种子发育过程中，花托将退化消失，或将膨大发育成为保护种子的结构。

雌蕊

柱头

花柱

子房壁

子房壁分为外、中、内三层，将发育成果实的外果皮、中果皮和内果皮。

胚珠

子房

子房位于雌蕊的底部，是产生种子的器官。

心皮

心皮是植物的生殖叶，变态叶的一种，心皮卷合发育成为花朵的雌蕊。

胎座

子房里，心皮与胚珠连接的部分叫胎座，即生长种子的地方。

胚珠

极核

极核位于胚珠的正中央，受精后将发育成胚乳，为种子储存能量。

珠被

珠被是包裹着胚珠的被层，受精后将发育成种皮。

卵细胞

植物的雌性生殖细胞。

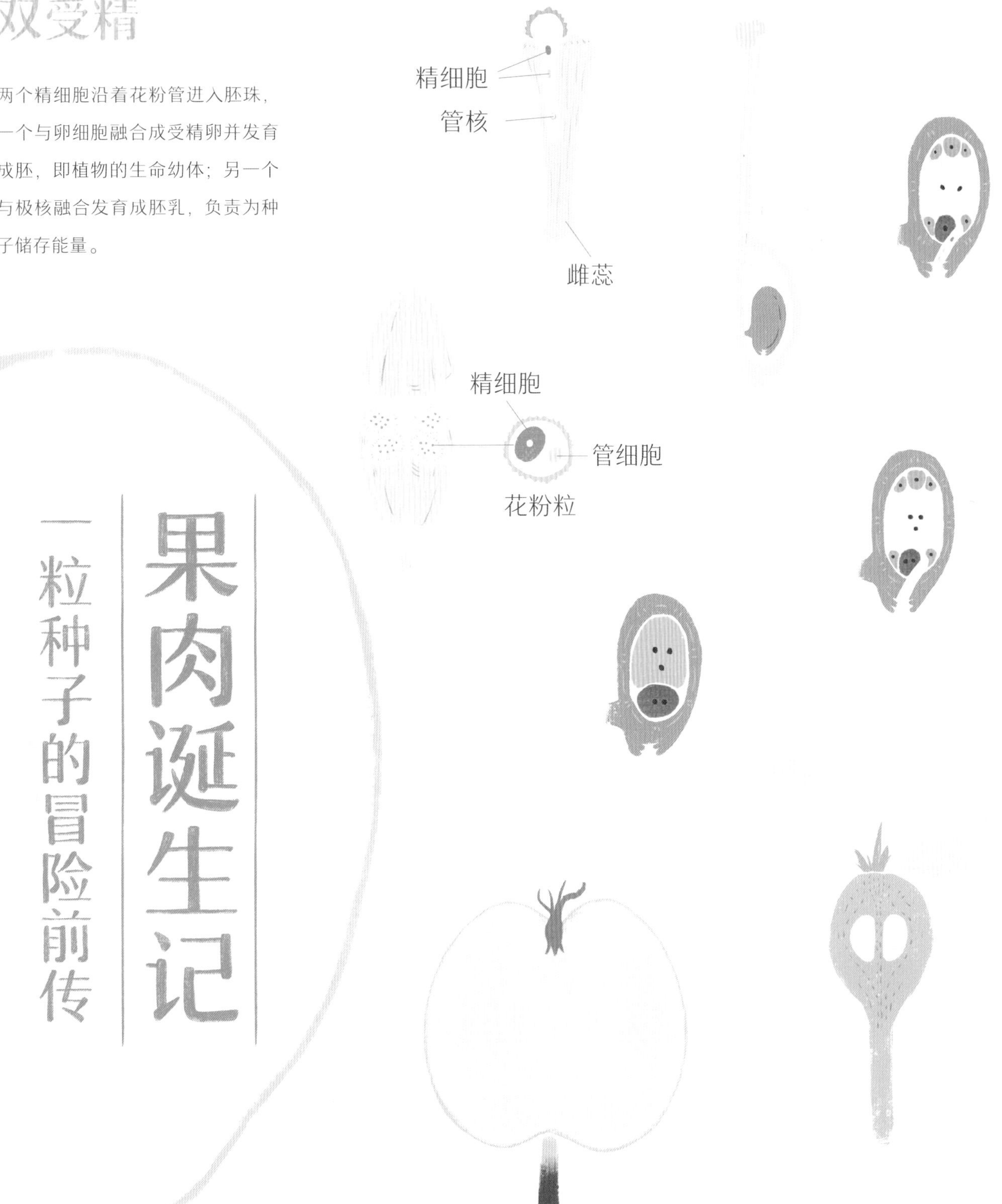

果肉诞生记

一粒种子的冒险前传

在植物世界，进化程度最高的植物已发展出一套完备的繁殖系统。它们能将叶变态发育形成花，会利用风和昆虫传粉，为种子设计层层保护，并利用果实诱惑动物帮助自己散播后代。日常所见的绝大多数植物都属于这个类别，它们叫被子植物，或开花植物。

作为植物的生殖器官，花朵需要保证受精过程的顺利进行。花朵把卵细胞藏在雌蕊的子房里，并在雄蕊的花药里准备了精细胞。花粉是“信使”，负责将精细胞运送到子房的胚珠里。一旦受精成功，一场以散播种子为使命的冒险由此开启。受精的胚珠将成为未来的种子，它周围的组织随即承担起“护驾”的神圣任务，相继发育成旅途中所需的各种“武器”，可口的果肉便是其中一种。

对于幼年的种子，植物会竭力保护。这时的果实颜色低调、味道难吃，能安全地隐藏在枝叶间。而当种子成熟时，果肉部分变得相当诱人，植物继而采取截然不同的态度，不断发出“这个果实真好吃”的信号。

它们以鲜艳的颜色引来鸟类，以浓郁的香味诱惑哺乳动物，以鲜美多汁的口感让它们自愿吃掉果实。此时，植物已为种子设计了坚韧的果核，确保动物的消化系统无法分解。种子可能被直接扔掉，也可能随粪便排出，反复多次总有足够幸运的种子能在异域萌发。

面对不顺从种子传播规律的人类，植物会使用不一样的策略。它们通常会发挥出超强的适应性和杂交能力，通过不断满足人类的需求来驯化人类，以获得更多栽培机会。

柑果

柑果是芸香科柑橘属植物的果实类型，可食用部分由子房壁内侧的囊状腺毛细胞发育而成。常见的柑果有橙、柑、橘子、柚子、西柚、柠檬等。

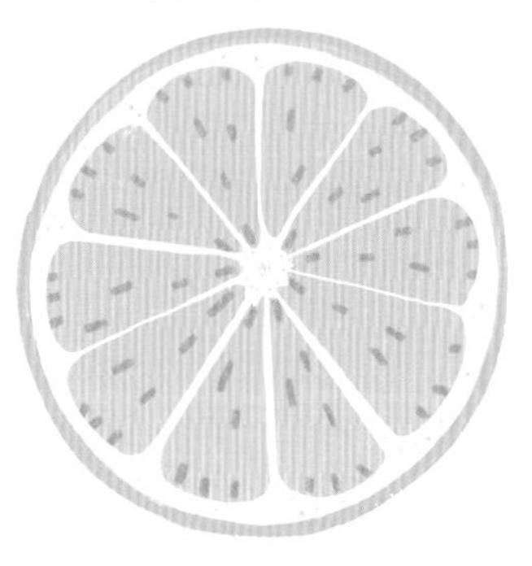

浆果

浆果皮薄多汁，内含多枚种子。常见的浆果有番茄、茄子、香蕉、葡萄、辣椒、蓝莓、石榴、柿子、猕猴桃、番石榴、木瓜、杨桃、山竹、百香果、黄皮、人参果、火龙果等。

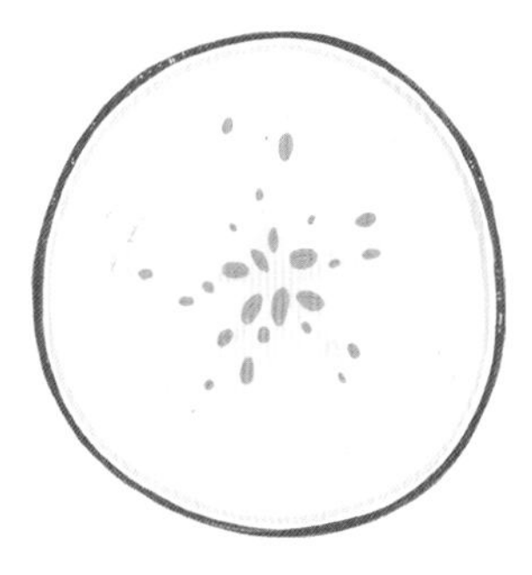

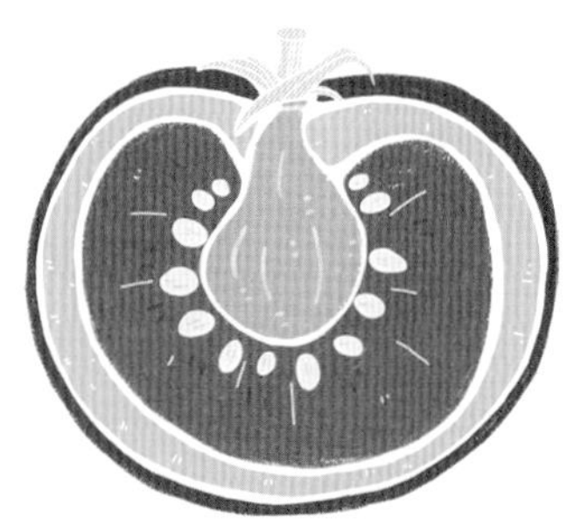

核果

核果的中央有一颗硬核，核内包含一枚种子。核果的主要食用部分为肥厚多汁的中果皮。青梅、樱桃、水蜜桃、李子、橄榄、芒果、青枣、牛油果等水果是典型的核果，荔枝和龙眼是食用假种皮的核果，杨梅则是食用外果皮突出组织的核果。

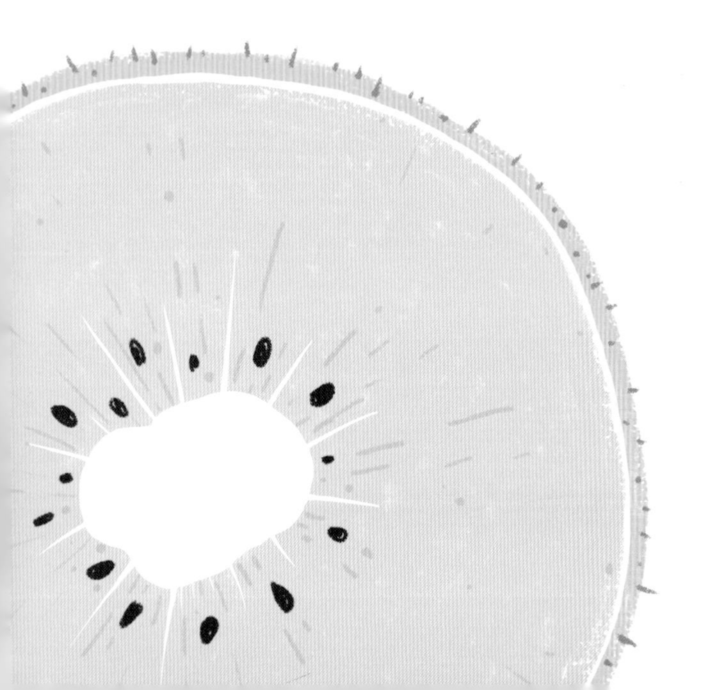

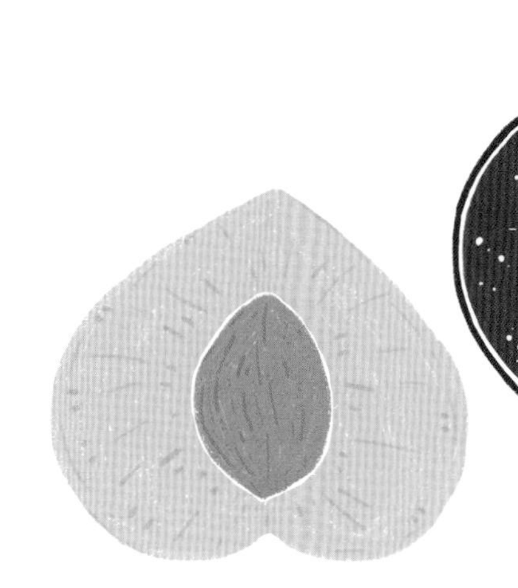

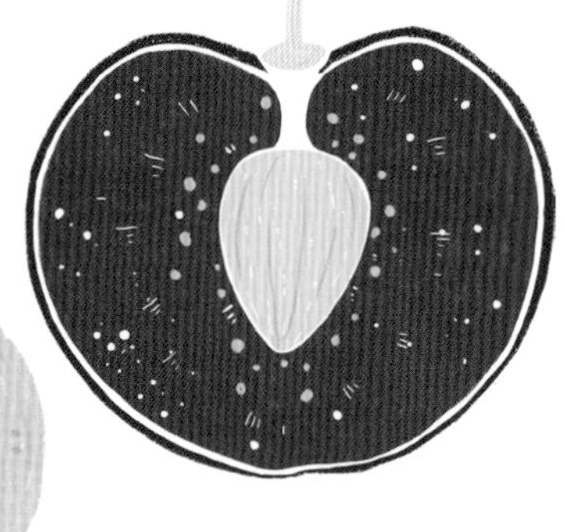

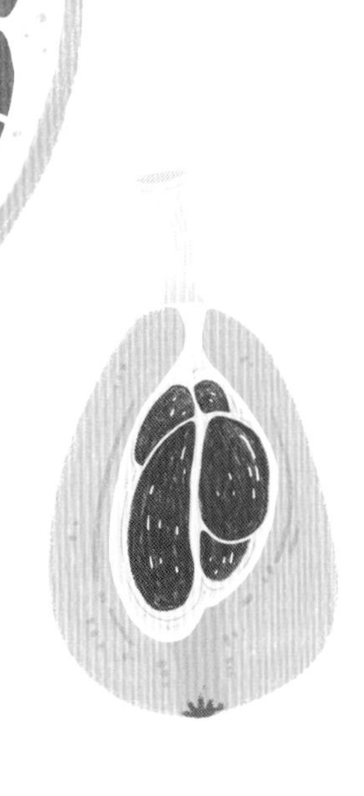

梨果

大部分梨果由子房和花托愈合发育而成，花托发育成可食的果肉，子房发育成中部的“芯”。常见梨果有山楂、枇杷、苹果、梨等。

荚果

荚果是豆科植物的果实类型，常作为蔬菜食用。常见荚果有豌豆、荷兰豆、豇豆等。

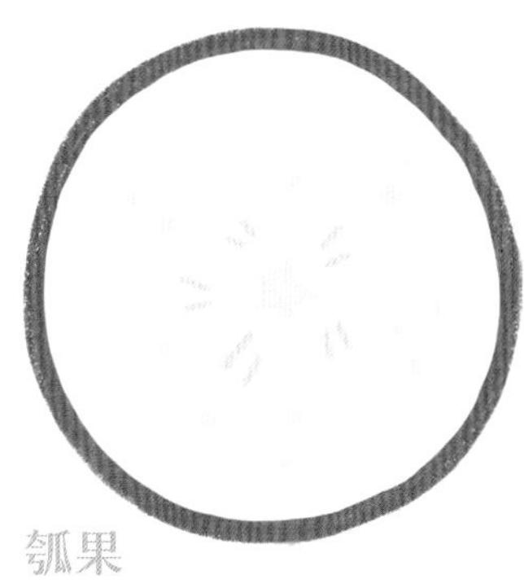

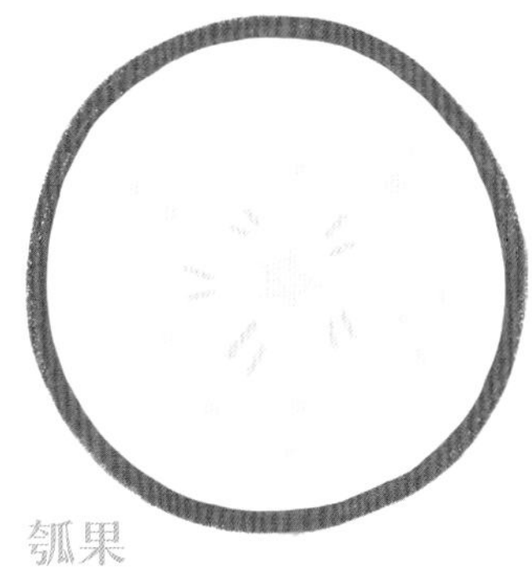

瓠果

瓠果是葫芦科植物的果实类型，可食部分一般为中果皮和内果皮。常见瓠果包括冬瓜、黄瓜、丝瓜、南瓜、葫芦瓜、苦瓜、佛手瓜、哈密瓜、西瓜等，其中西瓜的可食部分为胎座和内果皮。

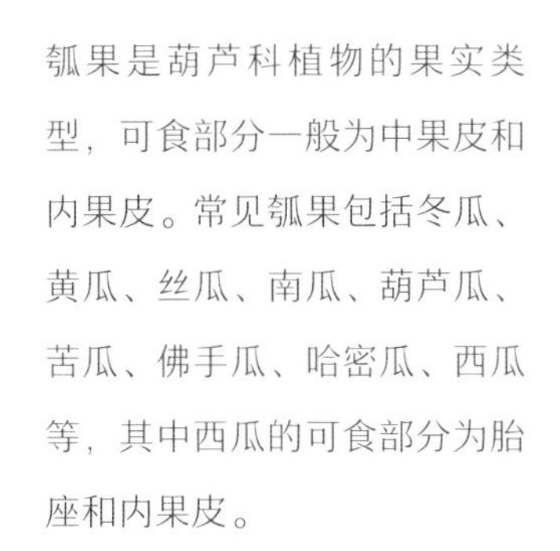

坚果

坚果由子房发育而成，果皮坚硬，食用的果仁为植物的种子，例如板栗。

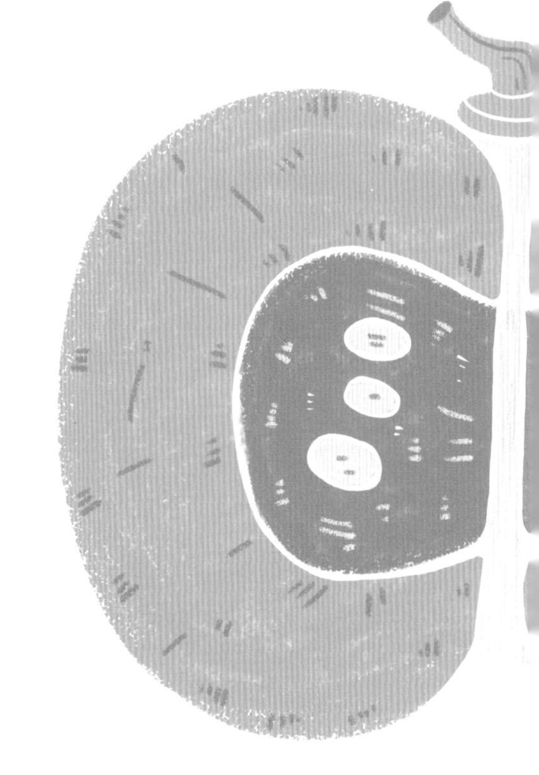

聚合瘦果

聚合瘦果由众多瘦小的果实组成。小果来自花朵的雌蕊，一根雌蕊发育出一个果实，并附在花托上。例如草莓，花托发育成可食用的部分，表面的籽为草莓果实。

聚花果

聚花果由整个花序发育而成。菠萝就是一个聚花果，由花序的总轴、所有花朵的子房、肉质苞片和花萼等结构共同发育而成。

目录

春

夏

秋

立秋

处暑

白露

秋分

寒露

霜降

冬

立冬

小雪

大雪

冬至

小寒

大寒

立春

雨水

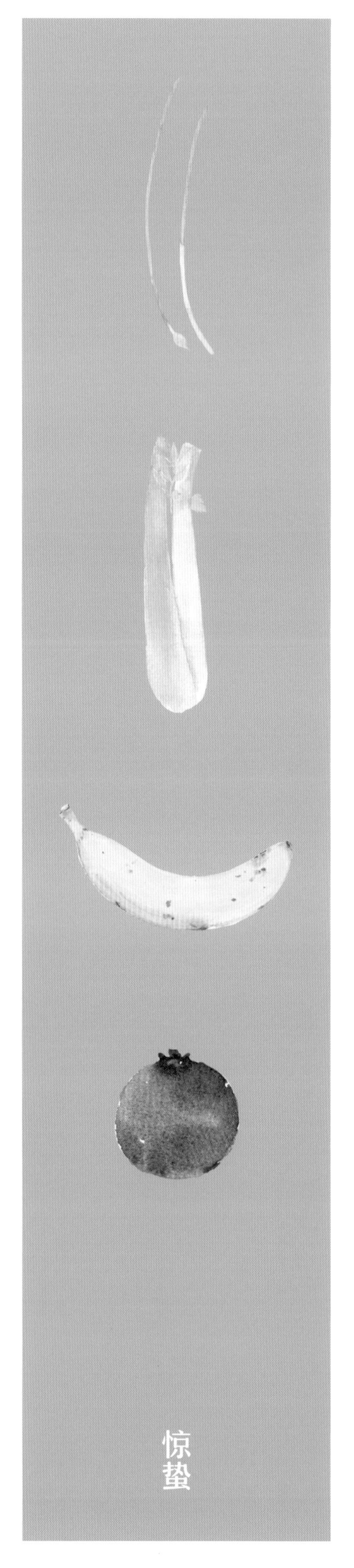
惊蛰

春分

清明

谷雨

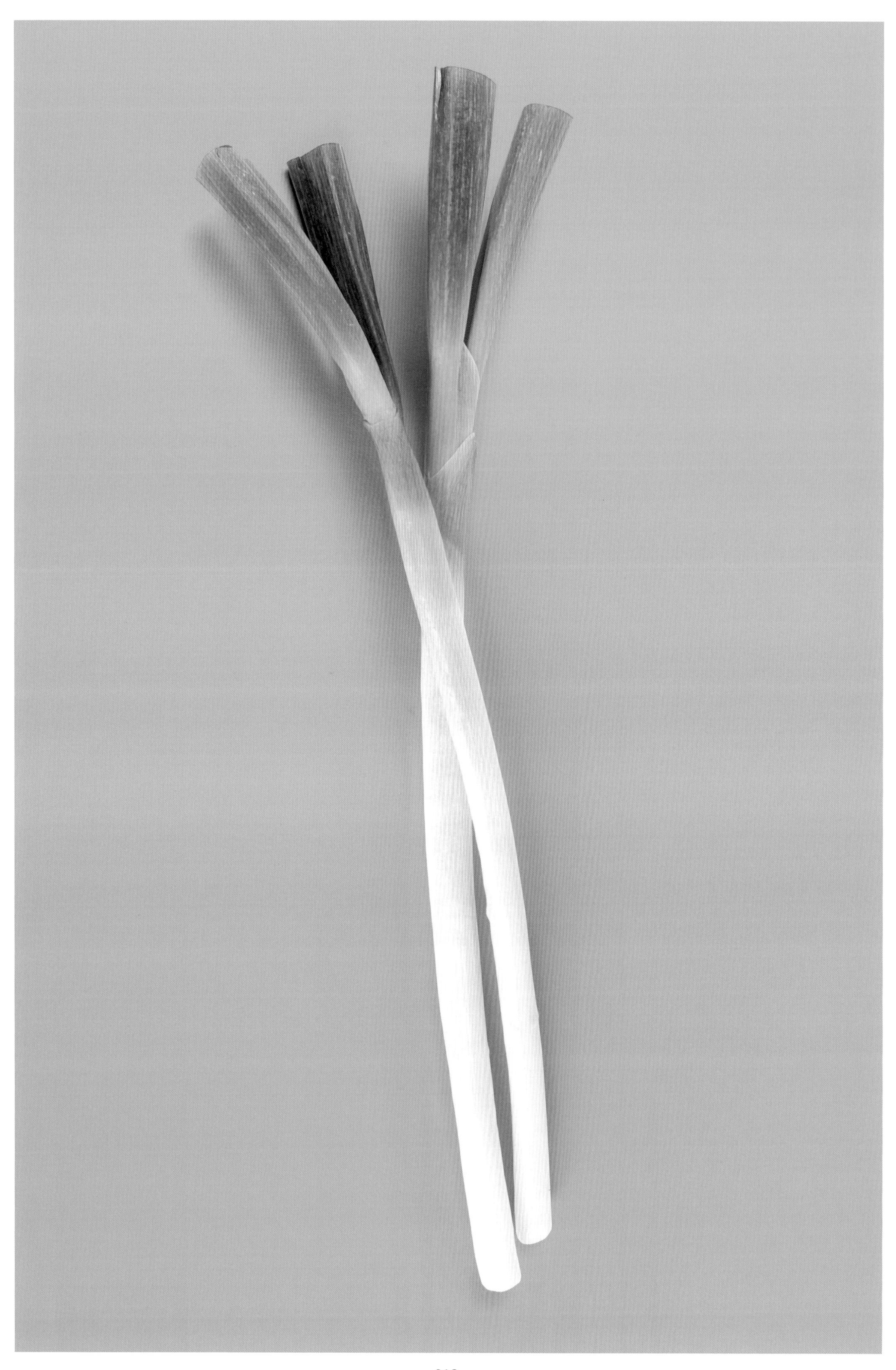

大葱

生吃，熟吃，还是不吃？

你有试过生吃大葱吗？咬下去的时候，一瞬间芥末般的辣与清甜同时刺激着你的味蕾，新鲜的汁液快速填满口腔，那种辛辣的刺激与畅快让人难以忘怀。

平常在菜市场看到的葱大概只有几十厘米长，而在山东的章丘，照料得好的大葱能长到 2 米半，葱白超过 1 米。

山东大葱的历史可以追溯到两千多年前，古籍《管子》中有记载："桓公五年，北伐山戎，得冬葱与戎椒，布之天下。"也就是说，公元前 681 年，齐国的国君桓公从山戎带回了冬葱和戎椒，并广泛种植。根据中国古代史，齐国主要处在今天山东省的位置，山戎则位于今河北省和辽宁省交界处。后来汉代的著作《四民月令》里也写到"夏葱曰小，冬葱曰大"。这样看来，齐桓公带回来的"冬葱"很可能就是山东大葱的祖先了。

大葱是一种有个性的蔬菜，同是葱的变种，它的身材比小葱彪悍几倍，它可以作为作料使用，可以生吃，也可以煮熟吃，每种吃法的味道大不一样。

大葱的香和辣来自葱属植物特有的蒜氨酸类物质，还存在于大葱体内的时候，它是一种性质稳定、没有气味的物质，而当葱的细胞壁被破坏后，这种物质会发生一组连锁分解反应，分解出来的"含硫化合物"会进一步分解，最后才生成香气独特的葱味。

有趣的是，这种气味非常友善，它可溶于水，尤其是高温加热时会迅速降解，所以煮熟的葱类不但不辣，还会有甜糯的口感。这样一来，不喜欢葱味的人也能享受葱的好处。

挑葱

新鲜好葱：葱白干净、结实，葱绿有弹性，根须没有腐味。

长白型：辣味较均衡，宜生吃。（章丘大葱、北京高脚白）

短白型：宜做凉拌菜、煮菜。（寿光八叶齐）

鸡腿型：最辣，宜做调料和配料。（隆尧大葱）

小葱

最佳赏味期
立春

分类
天门冬目石蒜科

原产地
中国、西伯利亚

菠菜

补铁只是谣言

能找到的最早记载“菠菜”这个名字的书，是明代的《本草纲目》，里面写道：“菠菜、波斯草、赤根菜。冷、滑、无毒。”菠菜古称菠薐菜，被认为是从波斯传入印度，在唐朝年间经尼泊尔传入中国。

“菠菜是否富含铁”一直是争论不断的主题，最早的故事来自1870年，传闻德国化学家沃尔夫误把菠菜的铁含量写成原来的十倍，后来连载漫画《大力水手》的作者因此受到启发，让漫画中的角色波派吃菠菜变得力大无穷。虽然人们对这个消息深信不疑，但由于没有人能够提供可靠的参考来源，现在这则消息已被认为是谣言。

根据美国农业部的数据，每100克菠菜的铁含量高达2.71毫克，大部分蔬菜的铁含量一般不到0.5毫克。尽管菠菜的含铁量比一般蔬菜高，但菠菜的铁属于不容易吸收的非血红蛋白铁，人体对其吸收率极低。

也有很多人对菠菜的第一印象不是大力水手，也不是补铁，而是吃完感觉牙齿涩涩的，这恰好又是“菠菜铁难吸收”的另一个证据。这种涩的口感来自菠菜丰富的草酸，它对植物的生理作用和防御系统有重要的作用。但对于我们来说，大量的草酸不但会结合菠菜本身的铁，还会结合其他食物的钙铁等物质，影响吸收。

幸运的是，草酸易溶于水，吃之前用开水焯约2分钟，就能把草酸降到不危害身体的水平。

虽然菠菜本身不能补铁补钙，但菠菜含有丰富的钾、镁、维生素K和维生素C，这些物质能够增加其他食物中铁和钙的吸收率，且对维持人体酸碱度有着很大的贡献。

水晶城菠菜节

美国得克萨斯州的水晶城的市政厅门前，一座大力水手的雕像矗立了超过80年。自1936年起，这座自称为“世界菠菜之都”的城市每年11月会举办一场盛大的菠菜节，菠菜美食会、菠菜女王选美、趣味跑……数十年的发展令水晶城菠菜节的活动更加多样。

挑菜

新鲜好菠菜：菜叶肥厚柔软，颜色墨绿无黄点，菜梗挺直。

春菠菜：早春播种，春末收获。

夏菠菜：春末播种，夏季收获。

秋菠菜：夏播秋收。

越冬菠菜：秋播春收。

“根味尤美，秋种者良。”

——《随息居饮食谱》

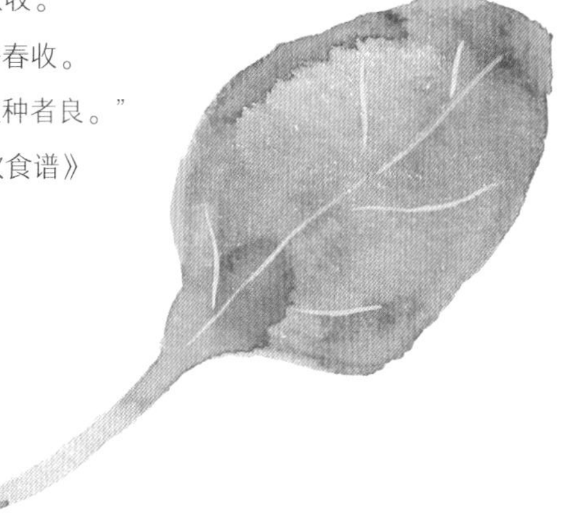

最佳赏味期
立春
分类
石竹目苋科
原产地
伊朗

草莓

一口吃掉 200 个种子

每年春天，伴随着气温回暖，草莓也成熟了，酸酸甜甜的香味让人垂涎欲滴，一口咬下去，心情也立马开朗起来。

可是，这一口香甜多汁的“肉”并不是草莓的“果实”，而是假果，由草莓的花托膨大而来。真正的草莓果实是挂在草莓表面的籽，因为没什么肉，这些籽也被叫作瘦果。一个草莓大约有 200 个瘦果，里面包含着草莓的种子。

这么多籽，如果都挤在一个野生小草莓身上，口感可不会太好。18 世纪末，第一个现代草莓品种在法国诞生，由北美洲的佛罗里达州草莓和南美洲的智利草莓杂交得来，如今我们吃到的草莓基本上都是它们的子子孙孙。

现在市场上卖的草莓又大又红，品相越来越好了，可见“大”是科学家们培育品种的方向。他们不断尝试栽培杂交草莓，希望能重塑草莓的颜色、体积、硬度、味道和口感。但这些性能并不是每次都能全部实现，为了更美，口味可能是最后才会考虑的因素，这就是我们经常买到好看不好吃的草莓的原因了。

然而，真正让人烦恼的草莓问题其实是农药残留，美国环境工作组织每年会检测蔬果的农药残留量，草莓已经连续两年位于“最脏蔬果”的榜首了。由于肉眼无法辨别草莓表面是否有农药残留，草莓爱好者可要认真学习下怎么洗草莓了。

挑果

新鲜好草莓：香气浓郁，颜色均匀，个头中等，草莓籽为金黄色。

科学洗草莓

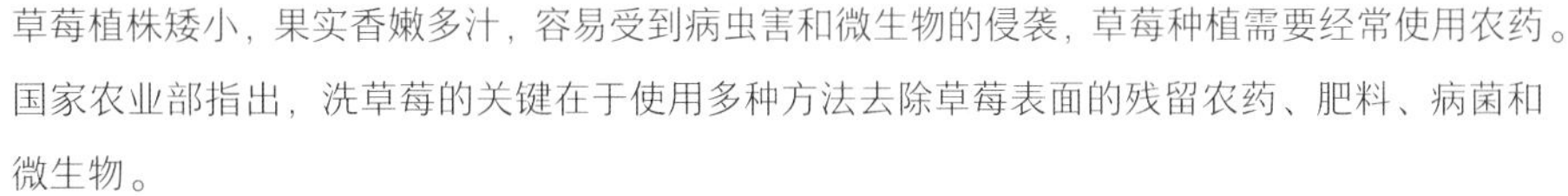

草莓植株矮小，果实香嫩多汁，容易受到病虫害和微生物的侵袭，草莓种植需要经常使用农药。国家农业部指出，洗草莓的关键在于使用多种方法去除草莓表面的残留农药、肥料、病菌和微生物。

1. 将草莓置于流水中冲洗几分钟，冲走大部分的有害残留物质。
2. 整个草莓放入淘米水中浸泡 5 分钟，碱性的淘米水能分解绝大部分农药。浸泡时保留蒂和绿色的萼片，避免有害物质从摘口渗进草莓里。
3. 倒掉淘米水，用流水冲洗草莓后放入盐水中浸泡 5 分钟，盐水可以杀灭附在表面的微生物。
4. 接着用流水把盐水冲洗干净。
5. 最后摘掉果蒂，再用流水冲洗一遍即可。
6. 尽量不使用清洁剂，避免造成二次污染。

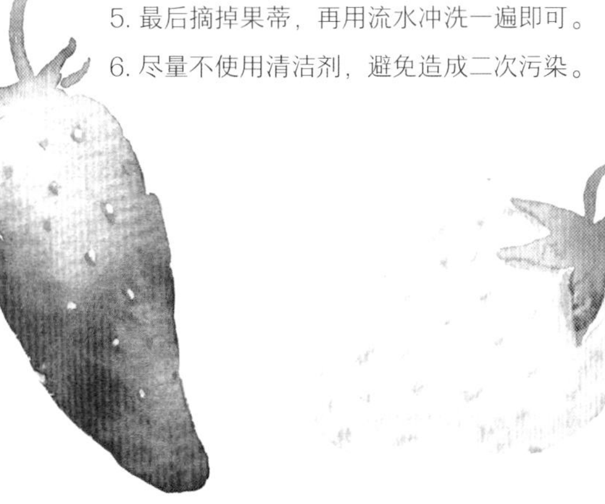

最佳赏味期
立春
分类
蔷薇目蔷薇科
原产地
美洲

人参果

没了娃娃脸还有『法力』吗？

挑果 新鲜的好人参果：果皮光滑，质地结实。清脆的果子呈淡黄色，成熟的果子接近金黄色，口感沙沙的。

《西游记》里有一种人参果，长着娃娃脸，四肢俱全，这种仙果“三千年一开花，三千年一结果，再三千年才得熟，短头一万年方得吃……吃一个，就活四万七千年”。

现实中的人参果可能会让你失望，它既没有奇特的外形，吃了不能长生不老，口感也不出众。它的味道清淡，尝起来像在吃其他水果，有人说它结合了黄瓜和香瓜的清甜，也有人觉得它混合了香蕉和梨的味道。

这种黄紫色皮肤的果子真名叫“香瓜茄”，是一种漂洋过海而来的茄科植物。西班牙语中，人参果的名字直接取了黄瓜的单词“pepino”，就叫“pepino dulce”（甜黄瓜），而对于英语国家来说，给异域水果取名其中一个办法是直接用原来的单词，所以成了“pepino melon”（黄瓜瓜）。

如此不介意自己外表和名字的果子，其实是相当有内涵的。人参果富含蛋白质、抗氧化剂、多种维生素和多种微量元素，它还是低糖低脂、低卡路里、高纤维的水果，营养价值高，难怪被称为“超级水果”。

起源于南美洲，人参果成为了早期秘鲁人民的创作灵感。考古学家通过挖掘发现，在秘鲁北部的莫切河附近地区出土的陶器，有不少是以人参果为形象铸造而成的。

然而在国内，人参果并不是特别受欢迎，毕竟甜的水果更有吸引力。

最佳赏味期
立春
分类
茄目茄科
原产地
南美洲安第斯山脉

卷心菜

变种甘蓝的兄弟姐妹

卷心菜是那种值得信赖的蔬菜，一个结实的球可以吃好几顿，放着也不容易变坏。随意撕几片叶子，可以炒面、醋熘、做汤、腌菜，也可以做饺子馅儿。

在不同地方，卷心菜还被叫作莲花白、头菜、包菜、椰菜等等。植物学上，卷心菜的大名叫结球甘蓝，是甘蓝的一个变种。卷心菜由野甘蓝驯化而来，早在公元前 1000 年的西欧就有人工栽培。只不过那时候种植的目的是治病，用来医治痛风、腹痛、蘑菇中毒，甚至耳聋。

等到中世纪（一般指公元 5 世纪到 15 世纪），卷心菜从地中海传到了欧洲大陆，变成了餐桌上常见的蔬菜，20 世纪之后，几乎每个国家都在种植。在这个过程中，野甘蓝的其他变种也逐渐增多。

那些看起来跟卷心菜有几分像的蔬菜，比如西蓝花、椰菜花、罗马花椰菜，紫包菜、抱子甘蓝以及羽衣甘蓝，都与卷心菜同属一个物种——“十字花科芸薹属甘蓝种”。

尽管都是兄弟姐妹，但这些变种也各有特色。其中值得关注的是紫甘蓝，它富含的花青素是一种有效的抗氧化剂。花青素易溶于水，洗菜的时候就能将水染色。烹饪过程中，紫甘蓝在酸性的环境下会偏红，碱性环境下则偏蓝。

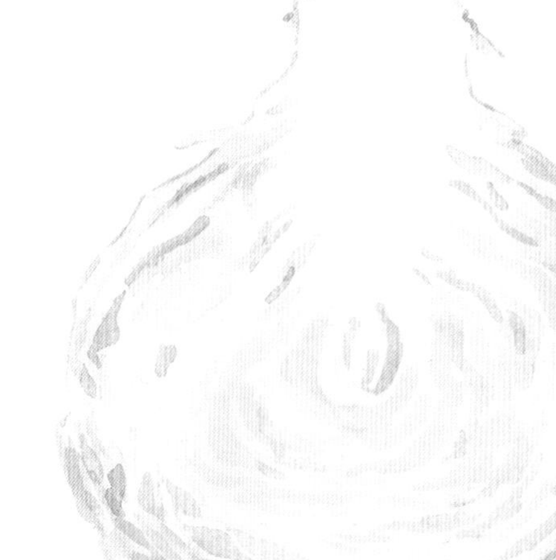

卷心菜的故事

在尼加拉瓜诗人卢本·达里奥的笔下，卷心菜的诞生充满诗意。邪恶的精灵靠近漂亮的玫瑰，“美丽而且幸福，”恶灵说，“但是不实用。”于是玫瑰渴望变得有用并乞求耶和华。

就这样，世界上第一棵卷心菜诞生了。

挑菜

鲜好甘蓝：菜球沉甸甸的，表面光滑，切口无变软。

最佳赏味期
雨水
分类
十字花目十字花科
原产地
地中海沿岸

荷兰豆

嘎吱嘎吱的清脆

荷兰豆的两片豆荚紧紧贴在一起，中间包裹着几颗软嫩的小豆子。这种结构决定了荷兰豆可以有几个层次的口感。用筷子夹起，送进嘴里，“嘎吱”一声咬下去，奇妙的多重爽脆声在脑内回响，清新的香气迸发出来，此时心里已经期待着第二口的美妙。不一会儿，一小盘就吃完了。

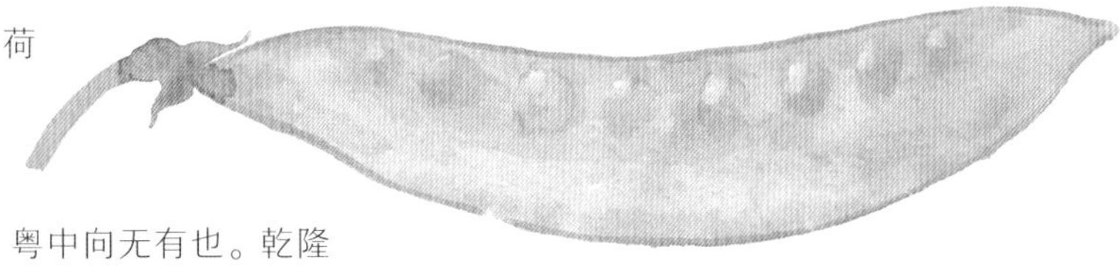

荷兰豆真的来自荷兰吗？清朝的刘世馨在《粤屑》中写道：“荷兰豆，本外洋种，粤中向无有也。乾隆五十年，番船携其豆仁至十三行，分与土人种之……豆种自荷兰国来，故因以为名云。”这说明了在乾隆五十年（1785 年），船队把荷兰豆从荷兰国带到了广东，当地自此开始种植。虽然来自荷兰国，但并不说明这个物种原产荷兰。

无论荷兰豆的家乡在哪里，从它的拉丁学名 Pisum sativum var. saccharatum 可以看出，荷兰豆是豌豆的一个变种（“Pisum sativum”是豌豆的学名，“var”表示变种）。由于豌豆原产于地中海沿岸，所以我们一般认为荷兰豆的原产地与豌豆的一致。

可以说荷兰豆是一种豆荚也能吃的豌豆。在法语里，荷兰豆叫“mangetout”，意思是“全部吃掉”。不仅是豆子，荷兰豆的嫩苗和花朵也是清甜鲜美的蔬菜。荷兰豆有多种烹饪方式，东方菜肴中常用蒜蓉炒，或者放在肉、咖喱或汤里做配菜。而在西方的美食中，荷兰豆常被生吃，直接切成小块做成沙拉。

雪豌豆的来历

在英语中，荷兰豆被叫做“snow pea”，这“雪豌豆”的来历，恐怕和豆荚反光时那些类似雪花的白点有关，也有说法是荷兰豆在春冻后采收，带着融雪。

挑豆

豆荚扁，豆粒小，颜色青绿。

最佳赏味期
雨水

分类
豆目豆科

原产地
地中海沿岸

青枣

吃一个，维C够用一天

虽然青枣和红枣是同一个科一个属的两个物种，但无论是外形还是口感，都与红枣完全不同。青枣个头大，成熟了不会变红，主要用于鲜食。它肉质细腻，口感顺滑，清脆多汁。

30年前，市场上也许没有这么好吃的青枣卖。青枣盛产于东南亚国家，单是印度就有90多个栽培品种。我国台湾在20世纪90年代开始大规模引进栽培印度的青枣品种，由于气候与东南亚枣树生长的温暖气候相似，枣子在台湾生长得相当好。

青枣有容易杂交的特点，因此青枣的栽培品种更新较快，印度枣进入台湾后得到多代改良，现在已培育出果大、外观漂亮、核小、口感好的枣子。处在与台湾相似纬度的省份如福建、广东和广西也纷纷引进台湾改良过的青枣，大陆地区称之为台湾印度枣。

青枣受到市场青睐的一大原因是它含有丰富的维生素C。根据华南农业大学食品学院对青枣的研究，每100克台湾青枣含有280毫克维生素C，约是苹果的56倍，橙子的4倍，奇异果的2倍，除了不和已知水果中的“维C之王”刺梨相比，青枣的维C含量可以说是相当可观了。

维C摄入也不是越多越好，根据中国居民膳食营养素参考摄入量，成人每日建议摄入100毫克维生素C，最高不超过2000毫克。小小一个青枣就能满足一天的维C需求。

列入『黑名单』

青枣耐旱，身处干燥地区依旧生长繁盛，在亚洲是一种极具商业价值的作物。然而在澳大利亚多个地区、津巴布韦、赞比亚和印度洋的一些岛屿上，青枣因生长快且威胁到本地生物化多样性而被视为杂草，并列入具有入侵性的物种名单。

挑枣

青枣在运输过程中极易受到压损，应选外表有光泽、表皮没有破损和黑点的果子。

最佳赏味期
雨水

分类
蔷薇目鼠李科

原产地
东南亚

杨桃

心里有角才能长成星

挑果 新鲜的杨桃表皮光亮，没有斑点和伤痕。中部变黄、棱边青绿的杨桃适合食用，整个变黄、变软的杨桃过于成熟。

辛弃疾《临江仙·和叶仲洽赋羊桃》：“黄金颜色五花开，味如卢橘熟，贵似荔枝来。”

人教版的小学教材有一篇课文《画杨桃》，主人公在美术课上将一颗杨桃画成了星星而遭同学嘲笑，但老师却告诉大家，从另一个角度上看，杨桃确实是星形的。

那为什么杨桃会是星形的呢？横切杨桃之后看见的除了星星，还能清晰地看到杨桃中沿着五个角生长的白线，那是杨桃的心皮。杨桃有五个子房室，并且心皮外凸，果肉沿着心皮生长，就长成了外凸的五条棱，成为我们看见的星形。

星形的水果并不多见，因此杨桃奇特的形状令人过目难忘，并得到了“star fruit”这样贴切的英文名。李时珍更是在《本草纲目》中形容杨桃“形甚诡异，状如田家碌碡，上有五棱如刻起，作剑脊形”，说杨桃和田间劳作的工具“碌碡”相似，都有凸起的棱。

这种星星果只有在南方才能品尝到它的最佳美味。成熟的杨桃很软而且易腐烂，为了方便储运，往往会将未成熟的杨桃摘下，运往北方市场。但是杨桃没有后熟作用，即在摘下未熟的果实后，不能像苹果、香蕉那样散发乙烯催熟自身。正因为这种特性，北方市场上售卖的杨桃大多口感酸涩，当你买到不够成熟的杨桃时，在旁边放一两个成熟的苹果就能将它慢慢催熟。

最佳赏味期
雨水

分类
酢浆草目酢浆草科

原产地
马来西亚、印度尼西亚

韭菜

我来，我变，我占领

挑菜 新鲜的韭菜笔直整齐，叶尖没有变黄。根部切口越平齐越新鲜，切口长出一小截说明韭菜收割后已经放置一段时间。尽量选择干爽的韭菜，方便保存。

书如是说：《本草纲目》记载“韭丛生丰本，长叶青翠。叶高三寸便剪，剪忌日中。一岁不过五剪，收子者只可一剪。八月开花成丛，收取腌藏供馔”。

你有没有将韭菜和葱认错过？同样绿绿又长长的叶子，远远地望去难以分辨，直到走近看清楚了叶子的具体形态，此时才能将韭菜和葱分辨出来。

作为葱属植物，韭菜除了有着和葱相似的外形之外，也有葱一样辛辣的口味，但是韭菜的辛辣稍逊于葱，芳香却更甚于葱。吃过韭菜之后，其中的硫化物成分会在口中留下一股持久的味道。对于不喜欢这股味道的人来说，这就是吃韭菜最大的障碍，如果在吃完韭菜后喝杯牛奶，就可以有效地冲淡这股异味。

就算是有着吃韭菜“后遗症”，也不能阻挡热爱韭菜的人将它做出各种各样的吃法。北方常见的小吃韭菜盒子就是用韭菜、鸡蛋和面粉做成，而在饺子、包子中常见韭菜鸡蛋、猪肉韭菜、韭菜羊肉等馅料，作为菜肴则有韭菜炒咸肉、韭菜炒豆干等。

韭菜虽然很香，但也很难嚼烂。为了吃到更鲜嫩的韭菜，人们将韭菜避光种植，种出了另一种我们常吃的食材——韭黄。避光种植导致韭菜无法合成叶绿素，呈现出嫩黄的颜色。除了吃韭菜的叶子，人们还喜欢吃长了花的韭菜。在韭菜长出花但未开放时采割下来，这样带着花苞的韭菜称之为韭薹，相比于韭菜，韭薹的口感更加鲜嫩。

韭菜长出花苞后，任由它继续生长，会开出美丽的花朵。韭菜的花是伞状花序，每朵花的花柄都很短，围绕在花轴顶端，盛放时就像一束束小伞。不过它的自我传播性很强，花朵凋败后会将种子撒落在四周。如果你种了一株韭菜在家中用来观花，花朵凋败后没有及时清理，或许第二年就会发现家中花盆或菜地被韭菜占领了。

杜甫诗有“夜雨剪春韭，新炊间黄粱”，古人以春初的早韭为美味，故以“剪春韭”为由相聚。

最佳赏味期
惊蛰
分类
天门冬目石蒜科
原产地
中国

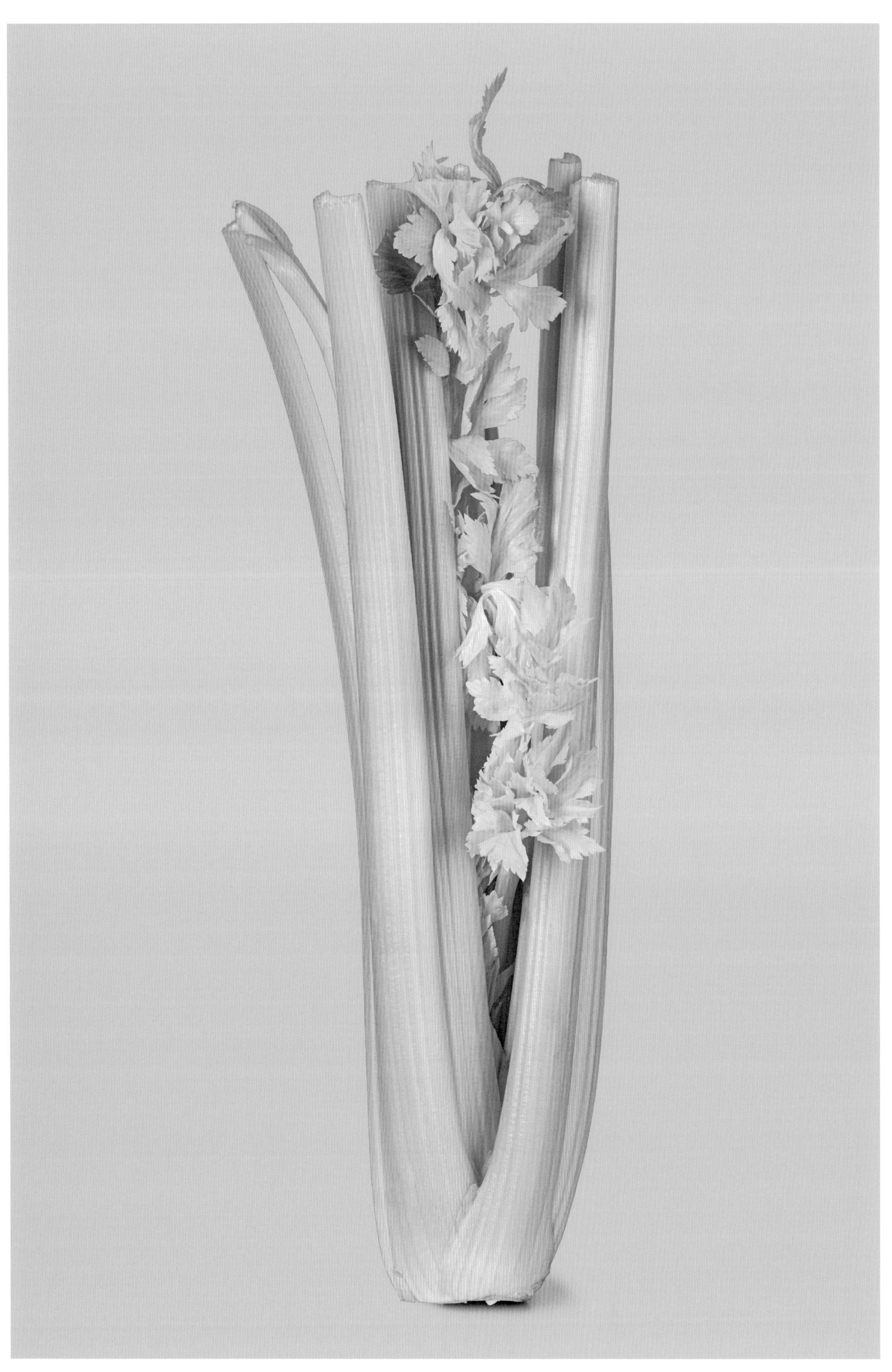

芹菜

从香料到蔬菜的进化

“芹”字很早就出现在我国古书的记载中，《诗经》中有诗：“思乐泮水，薄采其芹”，这时古人所指的芹其实是自古遍布我国的水芹，我们现在常吃的芹菜在此时还没有传入我国。

芹菜最初起源于地中海和中东地区，这时候的芹菜植株矮小，但特殊的气味引起了人们的关注，被古希腊人和罗马人当作香料使用。

芹菜后来经由丝绸之路传入中国，在我国漫长的栽种过程中，人们培育出香气浓郁、叶柄空心细长的品种，这就是我们常吃的旱芹（本芹）。而远在西方的芹菜在很长一段时间内仍被当作配料使用，直到 17 世纪，才栽培选育出西芹（Apium graveolens var. dulce）。西芹的叶柄是实心的，比旱芹更肥厚，纤维也更少，吃起来鲜嫩，适宜作清炒或凉拌菜。我国引进西芹这一品种，也不过是近百年的事情。

同样都是芹菜，旱芹和西芹的成分组成相似，但旱芹的含氮化合物高于西芹，这导致了旱芹的气味要重于西芹，更适宜作为配料。

有些人喜欢芹菜的滋味，百吃不腻，有些人则对它的气味敬而远之，但无论如何，芹菜已经完成了从餐桌配料到菜肴主角的逆袭。

唐代《龙城录》记载魏征嗜吃醋芹，唐太宗在宴会上赏赐了三份醋芹，而魏征则“见之欣喜翼然，食未竟而芹已尽”。

挑菜　浅色、肥厚的芹菜水分更多，菜筋较少；反之颜色深、棱边多的芹菜味道更浓，菜筋较多。

最佳赏味期
惊蛰
分类
伞形目伞形科
原产地
欧亚大陆

香蕉

吃了那么多，都是同一个

轻轻一拉，剥开香蕉的外皮，香气诱人的果肉显露出来，咬下一口，入口的是软糯香甜、完全没有籽的果肉。在众多水果中，香蕉绝对是一名优等生。

当你在挑香蕉的时候，有没有想过为什么一把香蕉的大小形态都这么相似？当你在大口吃下香蕉而不担心会有果籽硌牙的时候，有没有想过没有种子的香蕉，是怎么繁殖的？其实在我们吃的同一个品种的香蕉里面，每一根香蕉都是这个品种中第一根香蕉的克隆体。

野生香蕉是二倍体，拥有两套染色体，二倍体的植株正常繁殖，就会出现种子。野生香蕉的外皮之下，密密麻麻地挤满了果籽，果肉也少得可怜，若是一口咬下去，会被硌得牙疼。

为了保护我们的牙齿和吃到更多的果肉，人们将野生香蕉进行杂交选育，最终栽培出如今肉多无籽的水果香蕉。水果香蕉是三倍体，无法产生正常的种子，不能进行有性繁殖，只能从母本植株上分出插条，这样长出来的所有香蕉都拥有相同的基因。

将香蕉变成三倍体满足了我们对水果的追求，但是这样对香蕉来说却是一个致命的弊端。当同一品种的所有香蕉都是一模一样的时候，它们对病害的抵抗力也变得一样，只要有致病菌感染了一株香蕉树，倒下的会是一大片香蕉树林。20 世纪初，当时广泛栽种的大麦克香蕉（Gros Michel）就遭到病菌的侵害，几乎灭绝，现在这种香蕉在市面上已经不见踪影。

如今我们所吃的香蕉也时刻面临着病害灭绝的危险，但是这种威胁只针对单一品种，好在野外还存在上千种野生香蕉，为我们的水果库提供着庞大的香蕉基因。

催熟

为了避免在运输过程中受到损坏，市面上的香蕉通常会在还没有变黄的时候（绿熟期）就被采摘下来。在后熟过程中，香蕉会释放植物激素乙烯来催熟自身，而为了更好控制香蕉的成熟时间，人们还会使用外源乙烯进行人工催熟。

最佳赏味期
惊蛰

分类
姜目芭蕉科

原产地
东南亚

蓝莓

为冷色系食物正名

在人们的餐桌上，一直很少看到冷色系的食物。长期的经验积累和冷色系带来的平静感觉减少了人们对冷色系食物的欲望，不过蓝莓是一个例外，身披冷艳的蓝紫色却备受欢迎。

和冷色外表不同，蓝莓果肉是白色的，偶尔还会泛着绿色。很多宣传蓝莓的广告中会提及花青素，实际上花青素广泛存在于各种深色的植物中，如紫甘蓝、桑葚、茄子等。蓝莓中的花青素只存在于外皮之中，是它蓝紫色外表的来源。

成熟过程中，蓝莓从青色的小果开始，膨大然后变红色，最后变为蓝紫色。随着蓝莓成熟度的增加，花青素合成速率不断加快，最后大量积累在外皮。在蓝紫色外皮之上通常还覆盖着一层白霜，这是蓝莓分泌的天然蜡质，越是新鲜的蓝莓，白霜会越明显。值得注意的是，洗去蓝莓的白霜会加速它的腐烂。

蓝莓果实中除了含有常见的果酸、糖类、微量元素和维生素C之外，还富含维生素A、B、E、K，这些维生素的含量均高于其他水果。100g克蓝莓热量只有57kal，能给我们提供日常所需约15% 的纤维和10% 的维生素C。

除了各种引进的外国蓝莓，我国其实也有本土的蓝莓——“笃斯越橘”。笃斯越橘生长在我国的黑龙江、长白山地区，原来只作为当地人解馋的小零食，后来因蓝莓的走俏而备受关注，被誉为“中国北极蓝莓”。

挑果

新鲜蓝莓的表面有一层白霜，果皮没有起皱，摘口为浅绿色。摘口变成褐色的蓝莓不新鲜，出现霉点或渗出汁液的蓝莓不能吃。

最佳赏味期
惊蛰

分类
杜鹃花目杜鹃花科

原产地
美洲

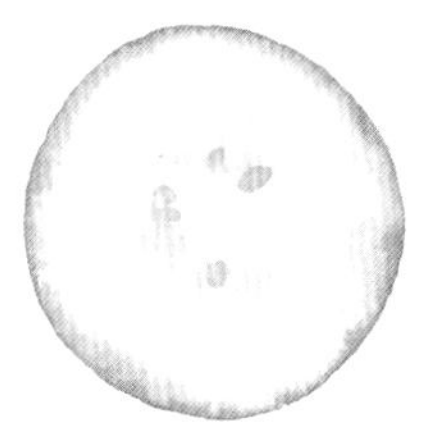

芦笋

德国人的狂热

在蔬菜界中，芦笋的确是一位多才多艺的选手。无论是营养成分、口味还是吃法都无可挑剔。芦笋在春天收成，以2~6月为最佳食用期，每年新鲜芦笋上市的时候，爱吃芦笋的人总是欣喜若狂地消费，生怕错过了什么。在德国施韦青根小城，每年春季都有玩不尽的芦笋狂欢活动，举国上下都在痴迷地享用芦笋。

德国人最爱白芦笋，世界上超过一半的白芦笋的产量来自德国。尽管芦笋在中国没有受到明星般的追捧，但与许多作物一样，中国是芦笋的最大生产国。由于芦笋极高的营养价值，近年芦笋在餐桌上的热度也不断增加，甚至被做成保健品。

常见的芦笋有三个颜色，绿芦笋是最普遍的一种，口感嫩脆；白芦笋是用避光的方式培育出来的品种，在沙土的呵护中长大，口感更细腻，唯独它需要整根削皮吃；紫芦笋则是人工培育的品种，表皮的紫色来自花青素，具有高糖低纤维的特点。

芦笋的营养物质稳定，可以接受不同的烹饪方式，清新的口味也可以与其他味道混搭。市面上经常会看到三种粗细不一样的芦笋，最细的适合炒和煎，中等身材的适合整根吃，比如烤、白灼和蒸，最粗的芦笋最百搭，可以随意烹饪。芦笋在一两分钟内就能煮熟，烹饪的时候需要把所有材料准备好，放在炉边。刚断生的芦笋味道最鲜美，颜色翠绿，温热是品尝芦笋的最佳温度。

收割之后，芦笋会迅速失去水分，口感会变差。对于还没煮完的芦笋，可以用沾湿的厨房纸包裹，再用保鲜袋包起来，然后放入冰箱，或者把芦笋竖直养在一个容器里，倒入少量水，没过芦笋切面2~3厘米 即可，直接放入冰箱，不需要密封。芦笋的保存时间最好不要超过三天。

或许你有注意到，或许你根本注意不了，吃了芦笋之后，尿液的气味会改变。芦笋在体内代谢分解后，会产生甲硫醇，使尿液散发出奇怪的气味。然而也有很多人察觉不到异常，因为这部分人的鼻子没有这种气味的受体，并不能识别出这种气味。

切笋

掰断：左右手同时捏着芦笋较粗的一端，轻轻用力，芦笋会在老和嫩的最佳临界点断开。丢弃老的一端，为鲜嫩的一端削去鳞片。下一步切段或者整根煮食。

削皮：用削皮器把芦笋的皮薄薄削掉一层，大约需削去半根芦笋的皮。

挑笋

鲜嫩的芦笋质地结实，颜色有光泽，鳞片紧闭；干水、呈脊状或切口龟裂的芦笋不新鲜。

最佳赏味期
春分

分类
天门冬目天门冬科

原产地
地中海沿岸

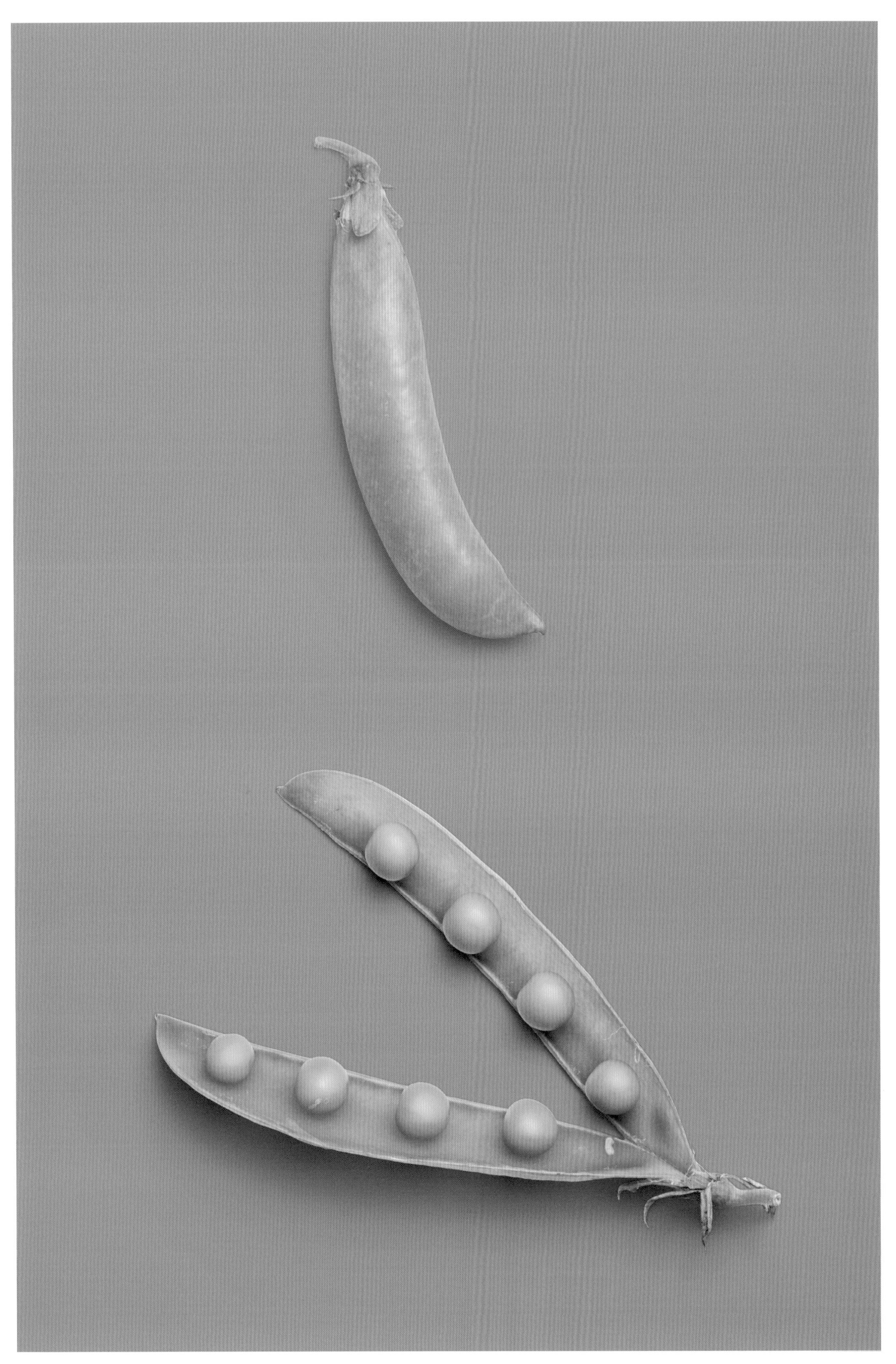

豌豆

泄露基因秘密的豆子

《本草纲目》记载："胡豆，豌豆也。其苗柔弱宛宛，故得豌名。种出胡戎，嫩时青色，老则斑麻，故有胡、戎、青斑、麻累诸名。"

与荷兰豆不一样，豌豆的豆荚硬且坚韧，让人难以下咽，人们只好将豆荚掰开，吃藏在里面的豆子。仔细端详这颗小小的豆子，你能想象一百多年前它给生物学带来了多大的震撼吗？

1856 年，神父孟德尔在修道院里开始种植豌豆。此后的 8 年时间里，他一直仔细观察种出的豌豆所表现出来的性状——植株的高矮，豌豆粒的颜色、圆皱等，并不断进行重复的实验，最终发现了基因的遗传规律。在当时他的发现并未得到科学界专家的认可，直到 1900 年，才被三位植物学家重新验证。

豌豆实验的结论明确提出了遗传因子的存在，发现了生物遗传三大定律中的基因分离定律和基因自由组合定律，这一发现震惊了当时的生物学界。从孟德尔的实验中，人们才知道生物性状是由遗传因子控制的，这为后来的植物杂交育种提供了理论基础。

对孟德尔来说，豌豆是个绝佳的实验材料。和异花授粉的植物不同，豌豆是严格自花授粉的植物，在完全开花之前已经完成了自己的授粉，避免了外来花粉的干扰；豌豆花朵大，易于人工授粉；性状稳定且容易区分；生长周期短，方便重复实验。正是因为豌豆的这些特性，孟德尔的实验有了个美好的开始。

澡豆 在肥皂出现以前，人们将豌豆磨成粉，加入香料制作成粉状的"澡豆"，用来洗脸、洗手、洗澡和洗衣服。

挑豆 豌豆荚颜色变浅的时候，豌豆粒也逐渐变老。剥好的豌豆粒粒饱满，颜色青绿，嫩豆捏起来有弹性，不会太硬。

最佳赏味期
春分
分类
豆目豆科
原产地
埃塞俄比亚、地中海、中亚

菠萝

默默地『吃』你

好不容易将皮削掉、“小眼”挖干净，切开之后却不能第一时间送进嘴里，还得先将它泡在盐水里一会儿。要是因贪吃而跳过了这一步，那么在品尝菠萝的同时，菠萝可能也在“吃”你。

在自然界中生存，必须要有能保护自己的手段，菠萝就是利用了自身的菠萝蛋白酶，通过水解捕食者的蛋白质并制造疼痛来减少“被吃”的概率。因此，在你享受美味的菠萝肉的同时，菠萝蛋白酶也在快速地破坏你的口腔黏膜。可惜菠萝没有想到，人类的活细胞有较强的抵御能力，菠萝蛋白酶只能引起一阵刺痛，但如果嘴里有伤口，吃多了菠萝就会有出血的可能。

菠萝蛋白酶能在室温中长期保持着活性，就算放进了冰箱，拿出来之后依旧能在你的口中“兴风作浪”，在被吞进肚子之前努力地增加口腔中的不适。一旦吞进肚子后，我们强大的胃酸会令菠萝蛋白酶失活。为了减轻吃菠萝的不适感觉，最常见且方便的方法就是将菠萝切块泡盐水，高浓度的盐水能大大降低菠萝蛋白酶的活性。

在我们想方设法降低菠萝蛋白酶活性的同时，有人则想到提高它的活性，将其降解蛋白质的性质应用到生活中。菠萝蛋白酶最日常的用途是当作嫩化剂，在烹煮之前将它加入到肉类中，能降解肉纤维，使肉类更嫩滑。

将菠萝和肉类同煮，一样能达到嫩化肉质的作用。若是在煮肉的中途才将菠萝加入，高温会使菠萝蛋白酶失去降解蛋白质的作用，最好在下锅之前将菠萝和肉混合。

挑果

最佳成熟度的菠萝软硬度适中，散发着酸酸甜甜的清香，香味太浓郁的菠萝则过于成熟。

菠萝的眼

还记得草莓表面的瘦果吗？仔细看菠萝的表面，是不是也有点相似？不过，菠萝表面一个挨一个的“眼”不是果，而是花。一个菠萝果实由整个花序发育而来，开花时，200朵菠萝花螺旋状地分布在花轴上。结果时，花轴膨大变成我们吃的肉质果实。与此同时，花轴上的小花凋萎后在菠萝表面形成“眼”，每一个“眼”代表一朵菠萝花。

最佳赏味期
春分
分类
禾本目凤梨科
原产地
南美洲

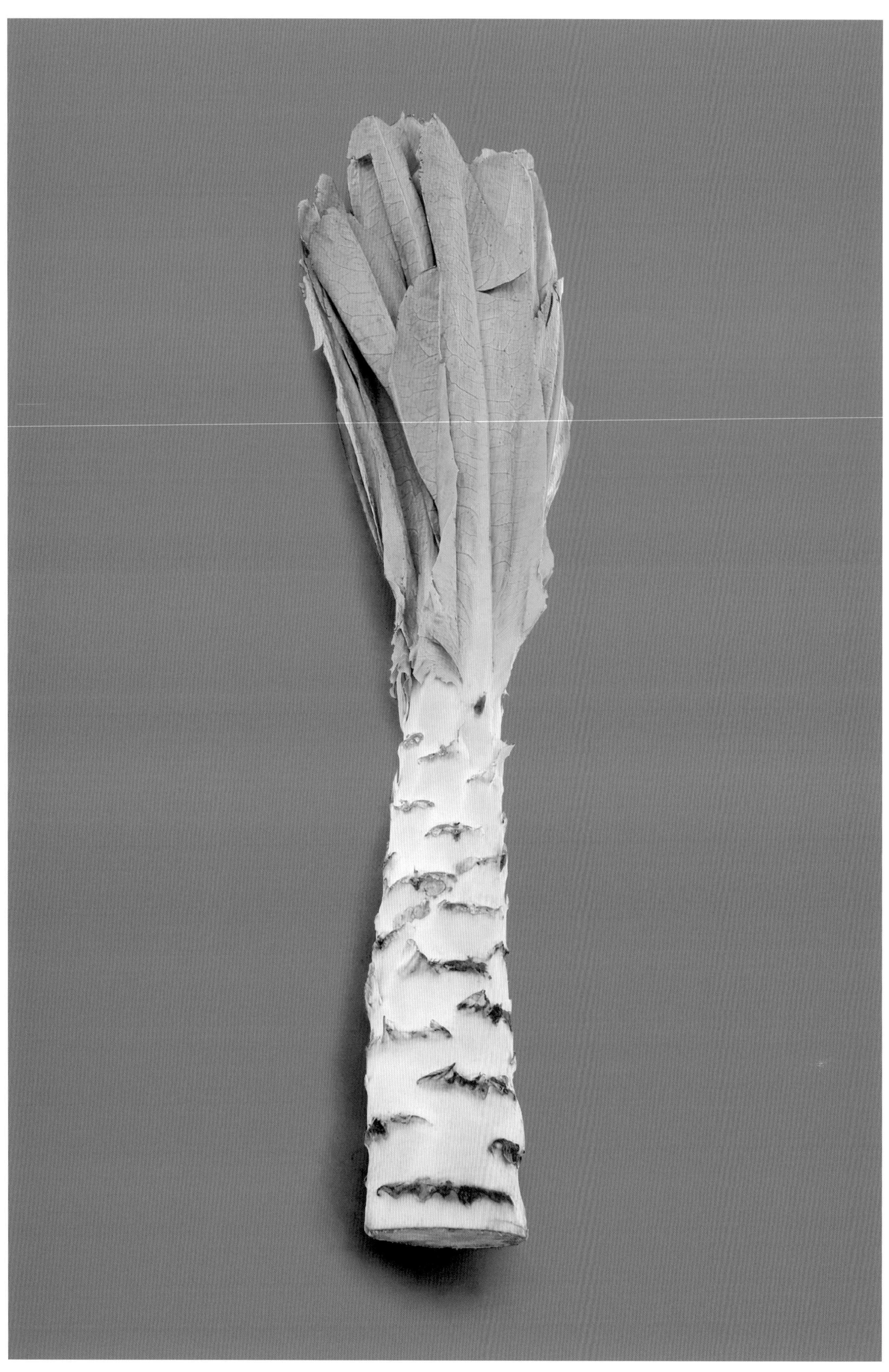

莴笋

谁家菜园有千金

挑菜 新鲜的莴笋叶片青绿挺拔，没有萎缩之势；观察菜茎，硬实且切面没有发黄和空心。

细数南宋饮食文化，绕不开一道“脆琅玕”。宋人林洪在他的养生食谱《山家清供》里细细记下“莴苣去叶皮，寸切，瀹［yuè］以沸汤，捣姜、盐、熟油、醋拌渍之，颇甘脆”的字句，聊以回味。

翠如美玉，通透夺目，甘脆可口，一扫阴郁，褪去外皮露出内里的莴笋无愧于“脆琅玕”这流传至今的雅号。怜惜它的人舍不得把它当作配角，辅以香油醋汁已足够尝得神韵；若嫌寡淡，就与肉片一同在炒锅中翻腾；火锅店的头牌榜单上它也占一席位，满身辣油却阻不断清爽。

“莴”一字明明白白道出了莴笋的外来属性。隋朝时期，莴笋传入中国。北宋陶谷在《清异录》中记载：“莴国使者来汉，隋人求得菜种，酬之甚厚，故名千金菜，今莴苣也。”因其形如竹笋，又叫莴笋。相比之下，英文的叫法显得犹疑许多。与芦笋组合的“asparagus lettuce”，与芹菜结合的“celtuce”，或者干脆以“Chinese lettuce”表明引入地。

将莴笋同莴苣画上等号，其实并不妥当。原产于地中海，莴苣漂洋过海，形成了叶用莴苣和茎用莴苣两大类。生菜、油麦菜等主要食用叶片的属于叶用莴苣，在欧美地区很受欢迎；而莴笋属于茎用莴苣，在中国南北各地广泛栽培。19 世纪末，当莴笋第一次叩响西方世界的门，当地人并没有多大兴趣发掘其茎之美，毕竟生吃叶片才是他们的一贯作风。

最佳赏味期
清明

分类
菊目菊科

原产地
地中海沿岸

诗人陆游爱莴笋

“黄瓜翠苣最相宜，上市登盘四月时。”
——宋·陆游《新蔬》

“白苣黄瓜上市稀，盘中顿觉有光辉。”
——宋·陆游《种菜》

青梅

『入侵』大脑的酸味

吃过青梅的人，大脑里就储存了一套“青梅酸味能让口腔分泌唾液”的条件反射机制，以后每次看到青梅，不需要吃，口水就能自动出来。《世说新语·假谲》里记载：“魏武行役，失汲道，军皆渴，乃令曰：‘前有大梅林，饶子，甘酸可以解渴。’士卒闻之，口皆出水，乘此得及前源。”这便是著名的“望梅止渴”的故事。

梅在我国有着悠久的栽种历史，酸酸的青梅在很长一段时间一直被人们当作调料使用，直到春秋时期，成熟的醋酿造工艺使梅子退出了调料界，成了日常水果。再后来，人们选育出了用来观花但不易结果的各种梅花树。

与傲骨凌霜的梅花不同，古代的文人墨客在“咏青梅”的时候，多在表达人与人之间的情感。李白《长干行》中的“郎骑竹马来，绕床弄青梅”，讲述了青梅竹马两小无猜的情谊；晏殊的《诉衷情》中的“青梅煮酒斗时新，天气欲残春”，则表达了与意中人相会别离的无奈之情。

如今，我们很少吟诗作对了，花梅成了冬日的美景，果梅则唤醒了春天的味蕾。好看的梅花和好吃的青梅虽然不能在同一棵树上长出来，但是可以在青梅上市时将它制成果酒，储藏起来，留到冬日温酒赏梅。

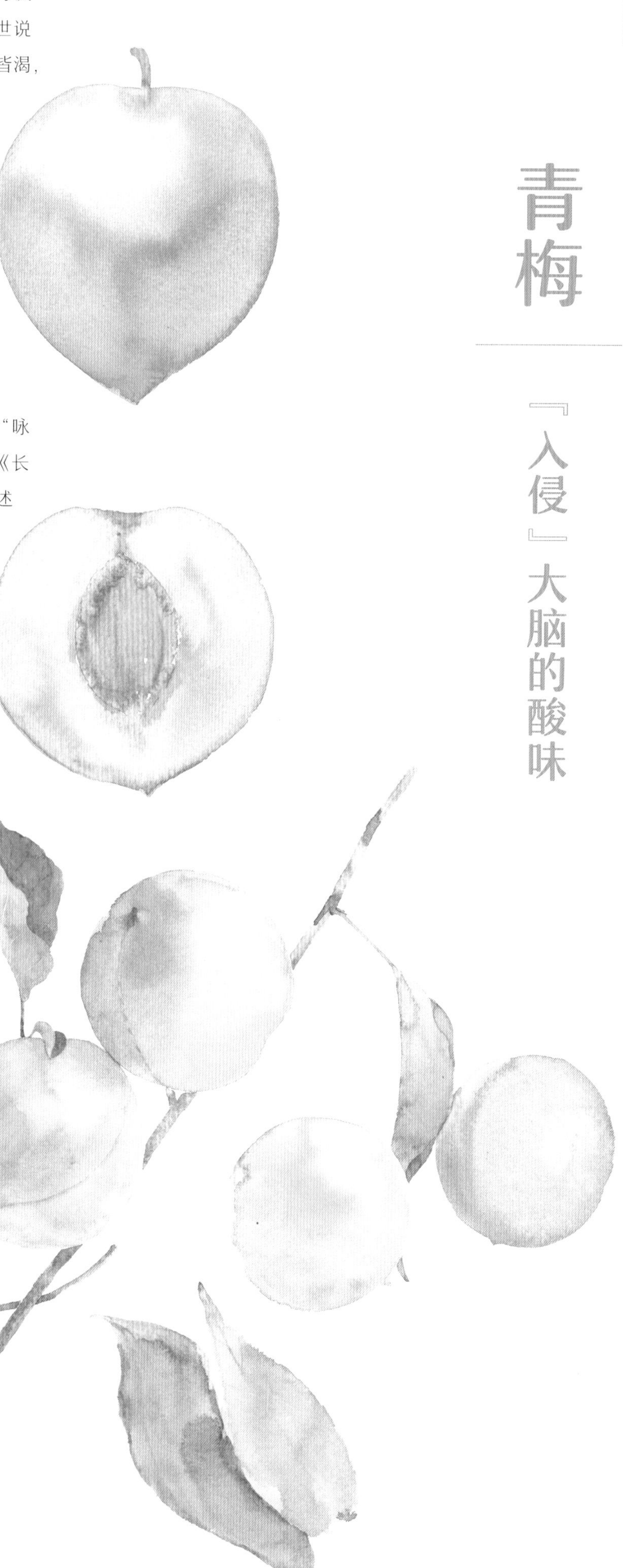

挑果 优质的青梅近似圆形，色泽温润，无锈斑，皮薄，肉质结实。

最佳赏味期
清明
分类
蔷薇目蔷薇科
原产地
中国

春笋

雨后上山，拦截极速生长的美味

《随息居饮食谱》记载：“笋竹萌也甘凉…… 种类不一，以深泥未出土而肉厚色白，味重软糯，纯甘者良。”

“轰隆”一声响雷，春雨就滴滴答答地下起来了。彼时你在檐下躲雨，竹林里却有一棵棵小小的尖头破土而出，在雨中尽情享受这春雨的滋润。等到雨停了，就是上山挖笋的好时机。

在春雨降临之前，环境干燥，竹林的土壤下面已经藏着许多整装待发的笋。它们的内部形成了分节，待到雨一下来，环境变得湿润，春笋也吸足了水分，每个节之间的分生组织一起开始分裂生长，势头迅猛。如果不及时摘下春笋，几天之后嫩嫩的竹笋就能长成一棵几米高的竹子。

挑笋 笋肉雪白者为上品，嫩笋切面的纤维较细，笋节之间距离短，笋壳抱紧。长出绿叶的笋比较老，口感不佳。

作为一种顺应时令的食材，春笋鲜爽美味。品尝春笋的时间短暂，笋期一般在 4 月，笋期一过，一年一度的美味也就此消失。除此之外，春笋还很娇贵，一棵春笋被摘下来之后，它的鲜味就随着时间而逐渐流逝。摘下来的竹笋需要在当天尽快剥壳煮食，吃不完的笋需蒸煮之后烘干或晒干，否则就会老化。

春笋在刚冒头或未完全长出土面时，笋壳是黄色的。剥开厚厚的笋壳后，看到春笋白白胖胖的身子，肉质越白说明它越脆嫩，同一棵笋不同部位的鲜嫩程度有所差别。

笋尖是最鲜嫩的地方。春笋的“鲜”来自它体内所含的大量游离氨基酸，当我们将笋送进口中时，春笋中的氨基酸和舌头上味蕾相碰，带给我们鲜味的感受。鲜嫩的笋尖适合清炒；中间部分的笋嫩度不如笋尖，适合与腊肉、咸肉等共炒；根部肉质最老，适宜切片与肉类煮汤。

江浙地带有一道以春笋为主角的名菜“腌笃鲜”，用春笋、咸五花肉和新鲜的肉类一起小火焖炖。腌笃鲜的汤汁鲜香浓厚，清脆的笋和酥软的肉质搭配得宜。

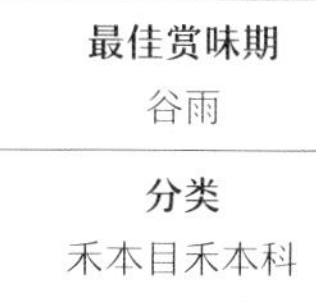

最佳赏味期
谷雨

分类
禾本目禾本科

原产地
中国

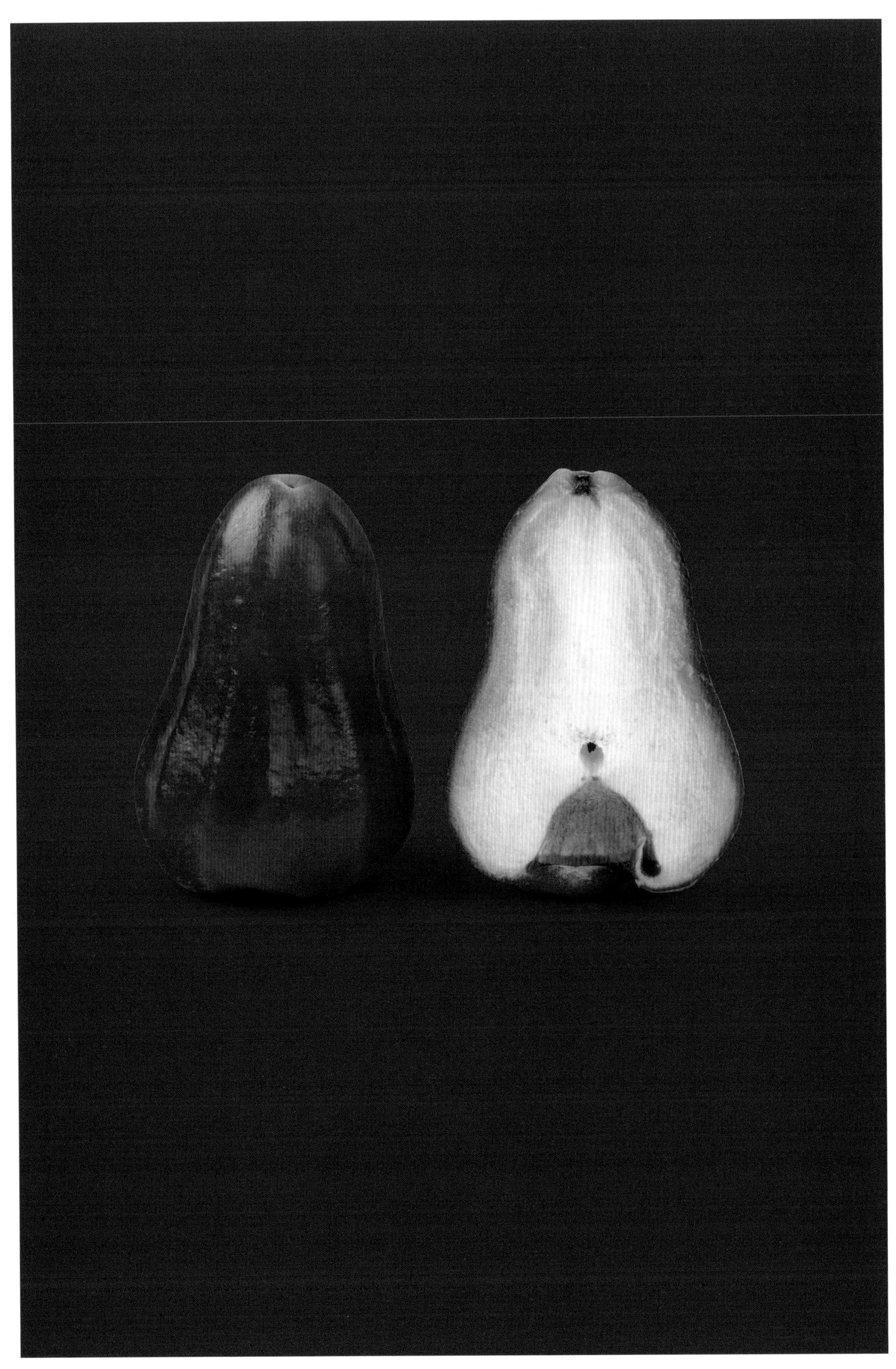

莲雾

台湾水果到大陆定居

不喜欢吃莲雾的人说莲雾味道寡淡，口感像吃海绵，是“一次性消费”的水果，而爱吃的人认为莲雾是“近乎完美”的水果，它水分含量大，清香，微脆，淡甜，解渴滋润，百吃不厌。

莲雾原产于印度尼西亚的爪哇，在17世纪由荷兰人引入中国台湾地区。台湾拥有较理想的气候环境，三百多年来，不断改良的种植技术使台湾成为莲雾品质最好的产地之一，其中还培育出黑珍珠等知名品种。

在中国大陆的水果市场上，莲雾出现得比较晚，而且大多都贴着“进口”的标签。从销量上看，这种像“大蜡丸”的水果深得人们的喜爱。

20世纪80年代起，台湾的莲雾开始销向中国大陆，最初占大陆莲雾进口总量不到5%，而近几年台湾出口的莲雾基本上只销往大陆，占大陆进口莲雾的比例上升到80%以上。

莲雾的保质期短，失水后容易发皱，为了保持新鲜度，台湾出口的莲雾只能低温空运。日韩、欧美等地路途遥远，东南亚价格低廉，对台农来说，出口大陆始终是最好的选择，一天时间就可以到达各大超市。

然而，单靠进口还是满足不了大陆的市场需求，如今海南、广西、广东、云南、福建等省份也在大规模种植来自台湾的莲雾品种，其中不乏先进的种植技术。其中台商黄益丰更是直接来到海南种植莲雾，还研发出让莲雾全年开花的方法。他把果园分成数十个区，利用遮光的方法控制各个区莲雾开花的时间，就这样刚开花、刚挂果和刚成熟的莲雾可以出现在同一个果园里，全年都有采收。

从东南亚到台湾，再到大陆，“没什么味道”的莲雾征服了各地人们的味蕾，不断扩大自己的种植版图。

最佳赏味期
谷雨

分类
桃金娘目桃金娘科

原产地
印度尼西亚

吃果

吃莲雾不用削皮，若是想尽情啃咬，只需拿一只小铁勺，以蒂头为中心，沿着外侧浅浅削一个圈，将蒂头挖下来。国内种植的莲雾大部分为红色，去泰国和中国台湾地区玩耍时，有机会可以尝尝白色的莲雾。

挑果

水分充足的莲雾皮薄、光滑，果脐开阔。蒂头小的莲雾比较脆，蒂头大的莲雾海绵质比较多。

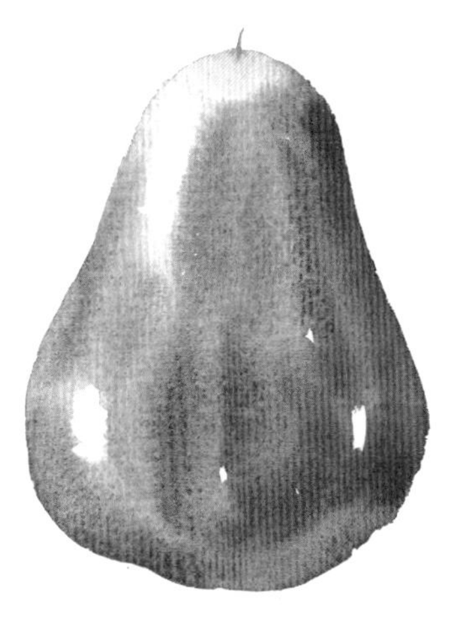

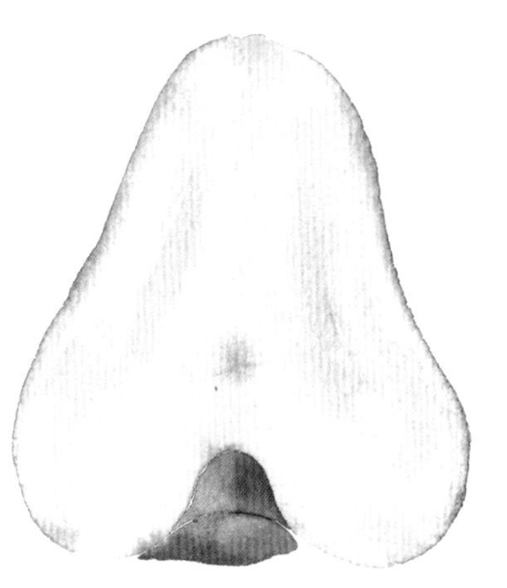

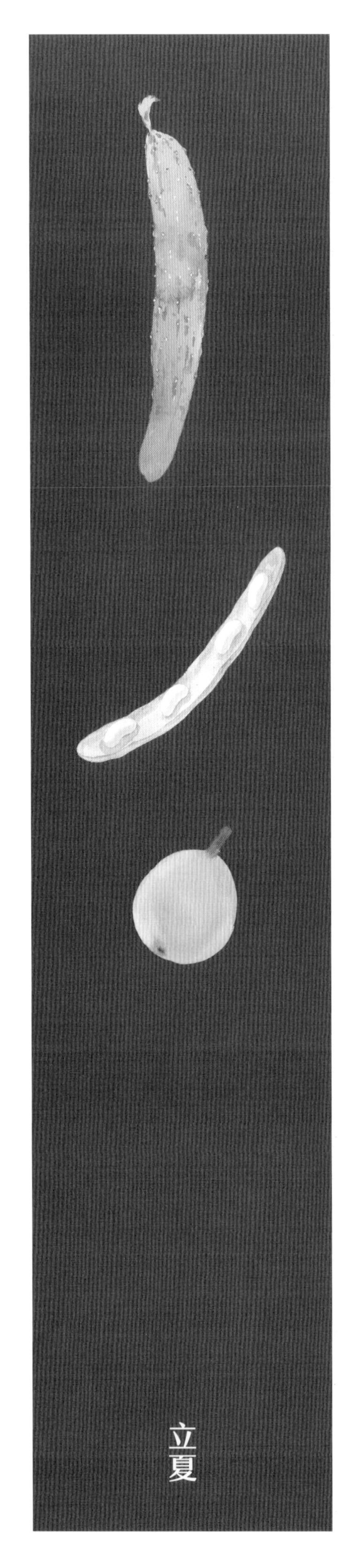
立夏

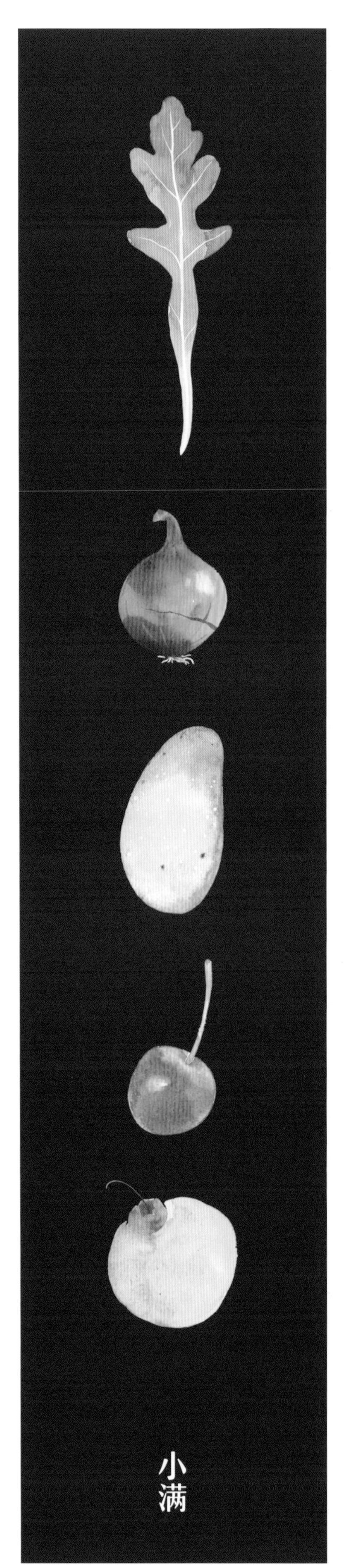
小满

芒种

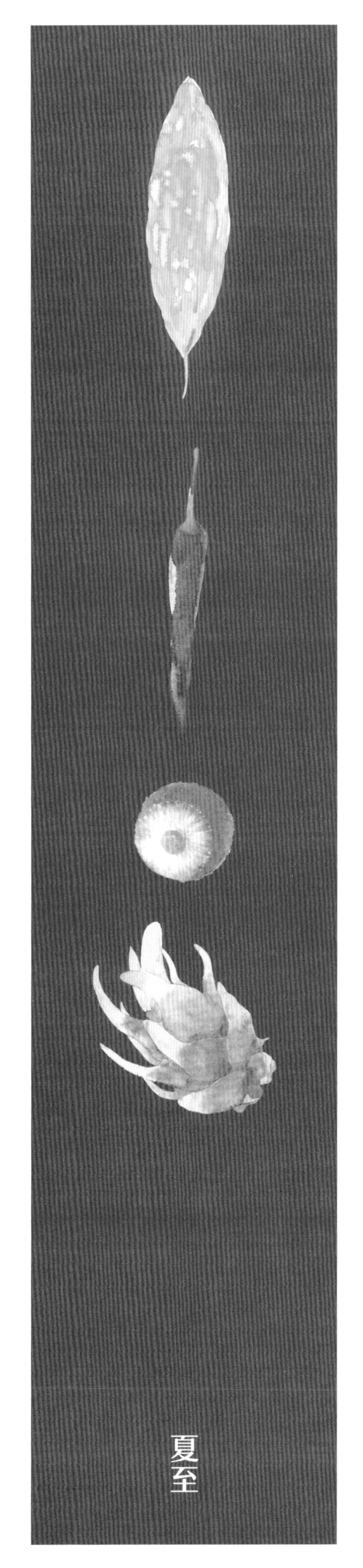
夏至

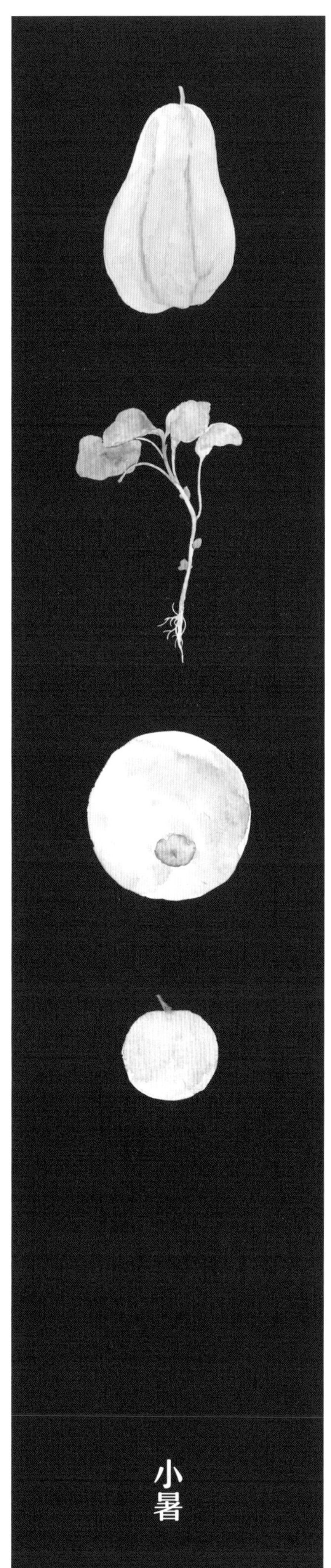
小暑

大暑

刺黄瓜

通过丝绸之路过来的胡瓜

夏天到了，炎热也随之而来。闷热的天气容易让人感到烦躁，这时候适合来一口凉拌黄瓜，清凉爽口的感觉让人食欲倍增。但随处可见的黄瓜都是青绿色的，你有没有疑惑为什么要叫作“黄”瓜呢？

黄瓜有着和大部分果实相似的“果”生经历。在成熟之前，它富含叶绿素而显示出绿色，而成熟之后，叶绿素被降解，就成为了黄色。成熟的黄瓜带着一丝酸味和苦味，远不及未成熟时候的清甜脆爽。久而久之，人们就习惯了在未成熟时将黄瓜摘下食用，导致后来有许多人都不知道黄瓜真的是黄色的。

不过最开始的时候，黄瓜也不是它的本名。一般认为黄瓜最初是通过丝绸之路走进中国的。《本草纲目》上记载：“黄瓜。张骞使西域得种，故名胡瓜”，表示黄瓜刚到中国时，因为来自西域而被冠上“胡”字，名为胡瓜。

从胡瓜到黄瓜，它经历了封建王朝常见的事情——避讳。《本草纲目》还记载了唐代医药家陈藏器的观点：“北人避石勒讳，改呼黄瓜，至今因之”，而唐朝杜宝的《大业杂记》则称：“隋大业四年避讳，改胡瓜为黄瓜。”前者指魏晋南北朝时期石勒一统北方，身为胡人的他避讳“胡”字，后者称隋王室有鲜卑血统所以避讳“胡”字。这两个记载虽然稍有差异，但是都证明了黄瓜是由胡瓜改名而来的。

黄瓜是一个百搭的蔬菜，可以用来煮汤、炒菜、凉拌或者生吃，不同的做法都不会影响它清甜爽脆的口味。

挑瓜

嫩黄瓜颜色深绿，形状直长、匀称，肉质硬脆。新鲜的黄果表皮有凸出的小刺，轻碰容易掉下来，瓜尖还有一朵刚凋谢的小花。

最佳赏味期
立夏
分类
葫芦目葫芦科
原产地
印度

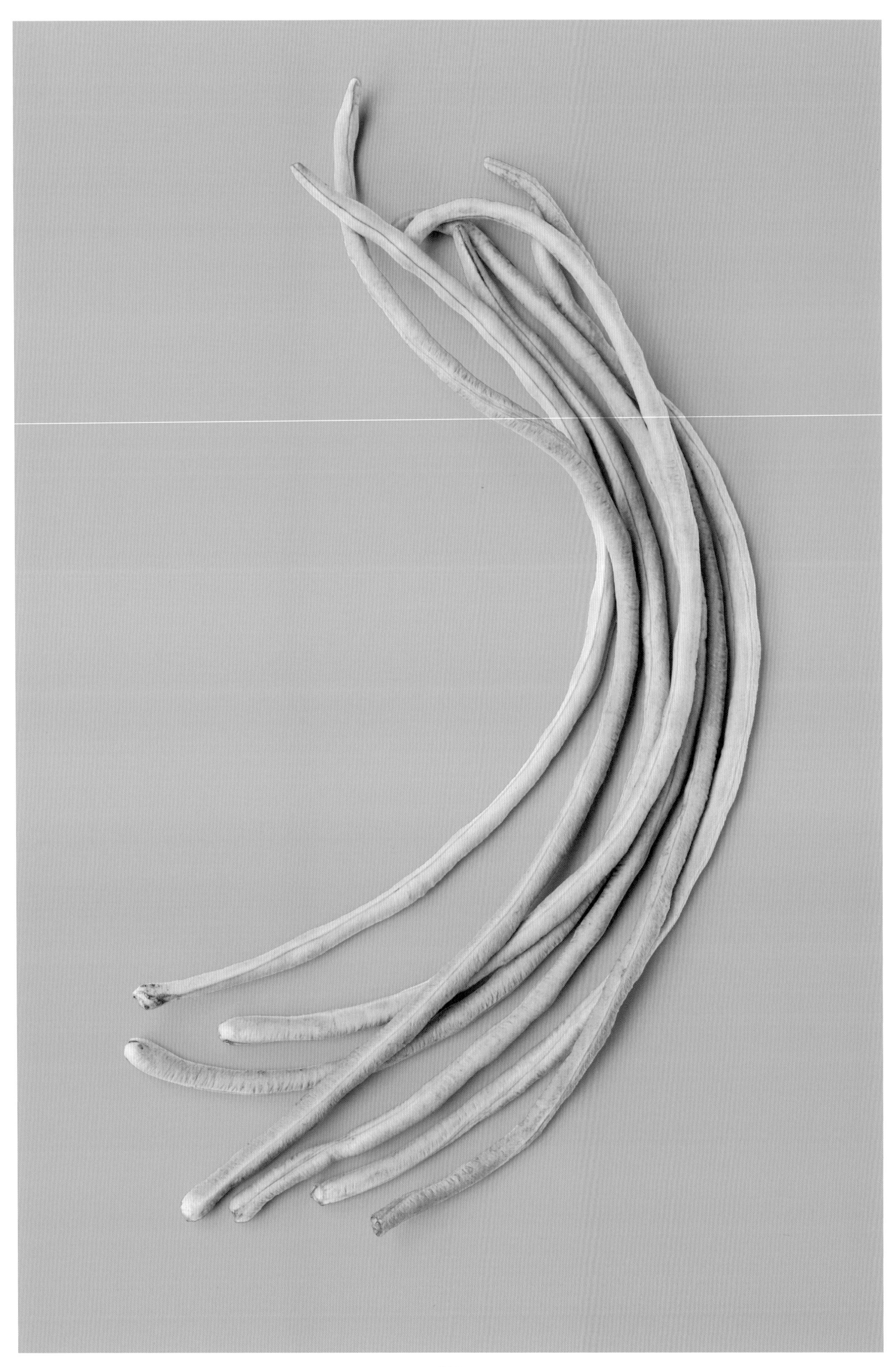

豇豆

豆中之上上品

味道上不算出彩，外形上也没有特别惹眼，值得一提的是，豇豆是一种愿意奉献的物种。不论是人类驯化豇豆，还是豇豆驯化人类，如今在众多干旱的发展中国家、地区，豇豆是一种非常重要的农作物。在非洲，尼日利亚和尼日尔两国的产量已接近全球总产量的70%。

豇豆是一种有着数千年历史的作物，它通常被认为起源于非洲，后来传到地中海地区和美洲等地。豇豆生存力强，不怕炎热、不怕干旱，能适应沙质的土壤，也能适应潮湿的环境。作为一年生的草本植物，豇豆生长快，种植期间不需要太多关注，菜畦之间还能混种其他蔬菜，节约耕地。

在非洲，人们习惯种植两种豇豆，一种作为粮食，另一种专门作为牲口的饲料。英文中，豇豆叫“cowpea”（牛豆），可见豇豆作为牛羊饲料已有很长的历史了。

百克成熟的豇豆中，蛋白质含量约达24%，是豌豆粒的4倍，大米的3倍。豇豆产量高，营养丰富，整棵植物都可供动物食用，包括用豇豆苗制作的干草。豇豆可以与优质粮草“苜蓿”相提并论，动物的消化率高，喂食豇豆可以让牛羊牲口长得膘肥体壮，也可以为奶牛提供营养。

在非半干旱地区，豇豆主要作为蔬菜食用。目前已知豇豆有4个亚种，其中包括我们常用来炒菜的长豇豆，以及长着“黑眼”的眉豆（矮豇豆）。在澳大利亚和美国，豇豆常用来制作罐头，采收之后煮熟、装罐，然后作为冷冻食品出售。

我国李时珍也对豇豆称赞有加，他在《本草纲目》中写道“此豆可菜、可果、可谷，备用最多，乃豆中之上品”。豇豆的嫩苗是口感清新的绿叶菜，清脆的嫩豆荚可用在多种烹饪方式，豆子长老了就成了谷物；用晒干、腌制等方法把豇豆储存起来，不时品尝一顿，风味不减。

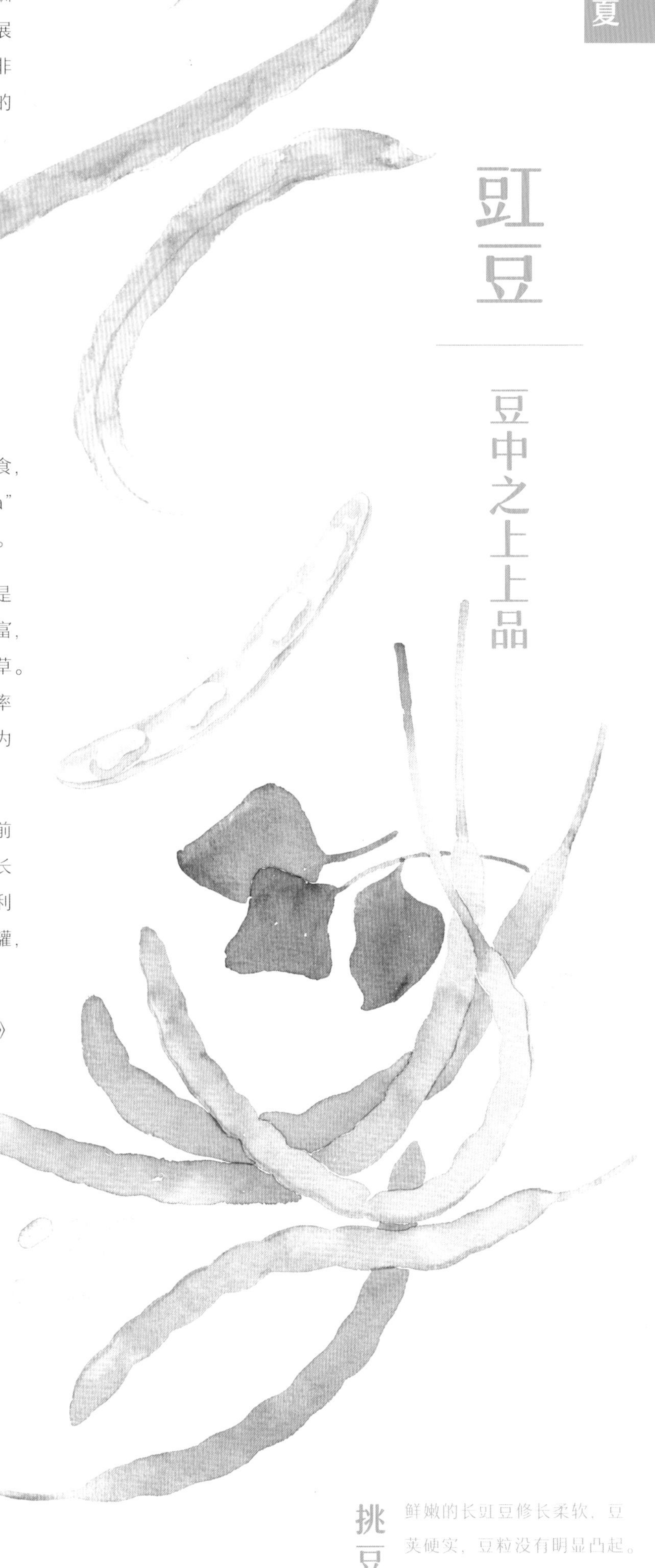

挑豆 鲜嫩的长豇豆修长柔软，豆荚硬实，豆粒没有明显凸起。

最佳赏味期
立夏

分类
豆目豆科

原产地
非洲

枇杷

一身润肺的功夫

《随息居饮食谱》记载：“枇杷甘平。润肺，涤热生津。以大而纯甘、独核者良。多食助湿生痰，脾虚滑泻者忌之。蜜饯、糟收，可以藏久。”

每年五、六月份，枇杷就上市了。枇杷是一个不能小看的植物，不论是它的叶子、果肉、果核还是花朵，都各有特点。

说起枇杷，大家想起的除了果子本身，大概就是咳嗽时常吃的川贝枇杷膏。枇杷膏甜甜香香，一口咽下去带来清凉的感觉，因着“枇杷”两个字，能引起人对鲜果枇杷的期待。不过枇杷膏里的成分其实是枇杷叶，枇杷叶有止咳平喘、和胃降气的功效，晒干后能入药。

枇杷肉虽然没有什么惊奇的药用效果，但是它的营养成分相当可观。枇杷含有丰富的碳水化合物、蛋白质，还有各种维生素和铁、锌、锰等微量元素。其中最受人瞩目的是类胡萝卜素，枇杷果中的胡萝卜素含量位列已知水果的第三位。

咬开那层多汁的果肉，里面包裹着1~5个果核。蔷薇科的植物种子多少含有一些苦杏仁苷，其中枇杷种子里含量最高，平均含量为3.61%，苦杏仁苷能在人体内水解成有毒的氢氰酸。值得一提的是，枇杷叶里也有这种物质的存在，老叶子中含量较低，一般以老叶子入药。虽然一个果核中苦杏仁苷的含量不会对身体造成太大的伤害，但是在吃果子时还是避免吞入小的果核。

枇杷生在南方，是常绿的树种，在结果之前，就已经有了甜蜜的预兆。冬季开花的枇杷花散发着香味，分泌出大量花蜜来吸引蜜蜂，这些花蜜是优良的冬季蜜源。除了有一般蜂蜜的功效，还散发着一股浓郁的枇杷果香，与枇杷叶一样能润肺祛痰。

挑果

新鲜的枇杷表面有一层茸毛，轻碰即被破坏，因此光溜溜的枇杷不新鲜。成熟度好的枇杷颜色接近橙黄色，蒂不会太粗，果脐开阔，果肉肥厚。

最佳赏味期

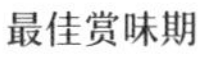

立夏

分类

蔷薇目蔷薇科

原产地

中国

芝麻菜

古罗马的春药原料

比萨和沙拉上常有几片不起眼的“波浪形绿叶菜”，无论在嚼什么，只要吃上一片，强烈的味道蔓延开来，口腔里感到一阵苦涩和辛辣的味道。第一次吃大概会皱起眉头，多吃几回就能感受那种先苦后甘的奇妙了。

英语里，芝麻菜叫“rocket”，名字源自芝麻菜的拉丁语属名 Eruca（芝麻菜属），和火箭没有直接关系，它的名称甚至比火箭的命名早一个世纪。芝麻菜自古被当作野菜香料食用，公元前 6 世纪的《旧约圣经》中对芝麻菜有所记载，大概说的是“到地里摘芝麻菜吃，由于不熟悉，最后发现味道一点也不好”的故事。

芝麻菜的刺激味道来自芥子油苷，这种物质存在于十字花科植物中，降解后会产生芥末、辣根、萝卜等蔬菜中含有的辛辣味。芝麻菜的味道虽苦辣，但层次丰富，口感独特，由于高温下这种味道会消失，于是大多数人还是选择生吃。

在古罗马，芝麻菜被认为是一种壮阳剂，诗人维吉尔在他的诗 *Moretum* 中提到芝麻菜可以“引起一个昏睡的人的性欲”。此外，在比维吉尔晚几十年的古罗马时期，希腊医生与药理学家迪奥科里斯也认为，“生吃大量芝麻菜能促进性欲，其种子也有相同功效”。于是，古希腊人用大量芝麻菜制成春药。

然而，现代科学并没有证明芝麻菜有这种功效，倒是发现了芝麻菜富含维生素和抗氧化剂，对眼睛、脾胃、皮肤等有益处。

芝麻菜适合酸味搭配，与柠檬、醋和新鲜番茄同食，减少不适感的同时风味更甚。在中东，人们用芝麻菜拌饭吃，在巴西和意大利，芝麻菜主要放在沙拉里吃，在印度北部，芝麻菜籽会被压榨成油，主要用在烹饪、医用和化妆品行业，而在中国，除了拌沙拉，芝麻菜还用于炒菜和煮汤。

花园火箭的生长秘密

芝麻菜生长速度快，在播种后最快 6 周就能收获，因此人们给它冠上“花园火箭”（garden rocket）的雅称；若没有及时采摘，叶子会变得更苦并且质地坚硬。芝麻菜还是黄瓜、西芹、生菜等蔬菜和迷迭香、百里香等香草的伴生作物，组合种植时植物的生长更健康。

挑菜

深色的芝麻菜香味较浓，叶片肥厚的芝麻菜水分较充足、口感更好。

最佳赏味期
小满

分类
十字花目十字花科

原产地
西亚、地中海地区

洋葱

法老的永生轮回

和大葱一样，洋葱也是葱属植物，洋葱味道多变。生吃时又辣又脆，半熟时辣中带甜，若是完全煮熟了，就会失去辣味变得清甜可口。

洋葱最早的考古依据可以追溯到公元前3000年的古埃及。球状的外形和内部循环的同心圆使得古埃及人认为洋葱与永恒的生命相关，于是他们将洋葱用在墓葬之中。而在古希腊，人们认为洋葱对健康有利，古希腊运动员会大量进食洋葱，罗马角斗士也会掰下洋葱瓣，用来擦拭自己手臂的肌肉。

现代科学证明，洋葱确实有很高的营养价值。洋葱富含蛋白质、碳水化合物、钙、磷、铁、维生素A、维生素B1、维生素B2、烟酸、维生素C及18种氨基酸等营养成分。洋葱还是目前唯一发现含有前泪腺A素的蔬菜，能够扩张血管，降低血液黏稠度，促进钠的代谢。

洋葱唯一不太友善的地方，大概就是切洋葱时那股刺激性气味。一瓣瓣完整地掰开洋葱时，不会有刺激眼睛的感觉，但若一刀切下去，那么在洋葱挥发香味的同时也会使人有流泪的冲动。洋葱这种“辣眼睛”的机制和大葱一样，都是细胞被破坏时产生的丙硫醛-S-氧化物刺激了我们的泪腺。

挑洋葱

鲜美多汁的洋葱表面光滑，质地结实，葱瓣完整，尖端没有大面积干枯，根部没有发芽或滋生霉点。

春夏两季买的是新鲜洋葱，皮薄肉厚，水分较多，辣味更小；秋冬两季买的洋葱大多经过储存，水分较少，因此辣味更重。

宠物主人请注意

请让你的猫咪和狗狗远离洋葱、葱、韭菜、大蒜等葱属的食物，一旦吃下，除了会引起胃肠道刺激，宠物体内的红细胞极有可能会被削弱，从而引起贫血。

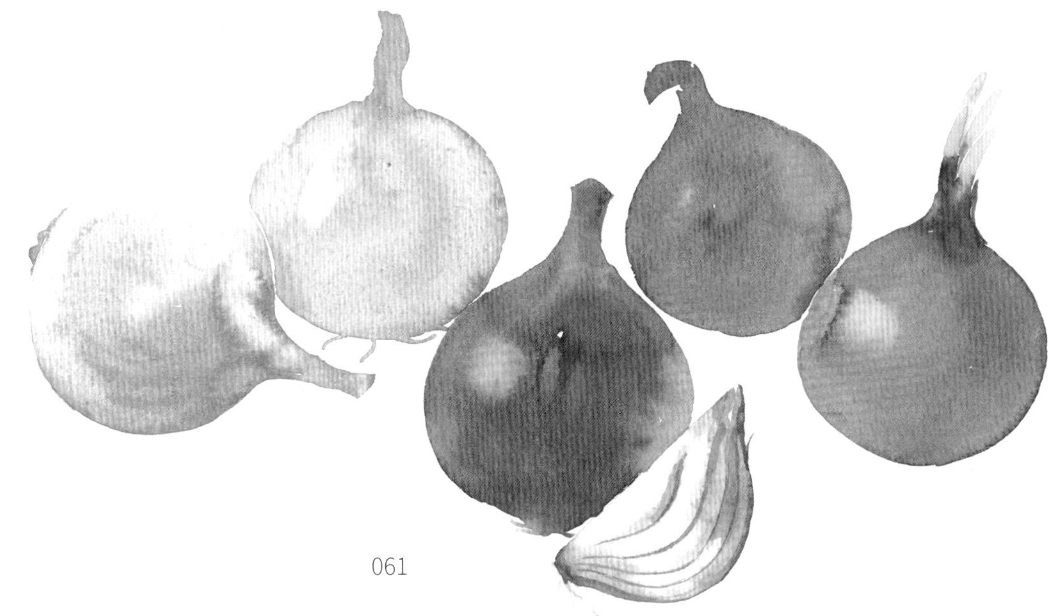

最佳赏味期
小满
分类
大门冬目石蒜科
原产地
亚洲西部

芒果

吃出一张黄色脸孔

走进水果店，看到了橙黄芒果的同时它香甜的味道也会传进鼻子，就算没看见，它的香味也能告诉你它在哪里。盛夏的果实中，除了榴莲，大概就只有芒果能发出这么浓烈香醇的气味。

面对香甜的芒果，总有人会克制不住地多吃几个。在连续几天吃了大量的芒果后，如果发现自己的肤色变黄了，不必过于担心，这是芒果中的胡萝卜素导致的。摄入过多胡萝卜素后若未能被身体及时地消化吸收，就会积累在皮肤表面，停止吃芒果后，身体正常代谢，肤色就会逐渐恢复正常。

有人能大吃特吃地吃到变色，也有一些人无缘这种美味。他们一吃芒果就会浑身发痒，出小红点，严重的甚至会出现呼吸障碍，危及生命，这些都是对芒果过敏导致的。芒果属于漆树科，这个科的植物含有刺激性的漆酚，对于部分人而言是“重度过敏原”。腰果和开心果也是这个科的植物，和芒果不同的是，我们吃的是果核里面的果仁，而它们令人过敏的成分主要存在于果壳和果肉中。

每到夏天，在城市路边的一些树上也能看到挂满了芒果。那是城市绿化用的果树——扁桃芒果，它的果肉少，味道酸涩，口感、味道都比水果芒果差多了。

挑果 成熟的芒果逐渐褪去表皮的粉质，并开始出油。新鲜的芒果香味浓郁但无腐烂的气味，果身软硬适中，表面没有黑斑和瘀伤。

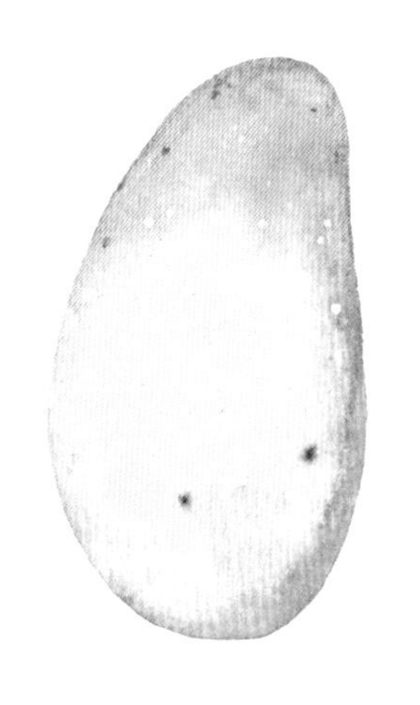

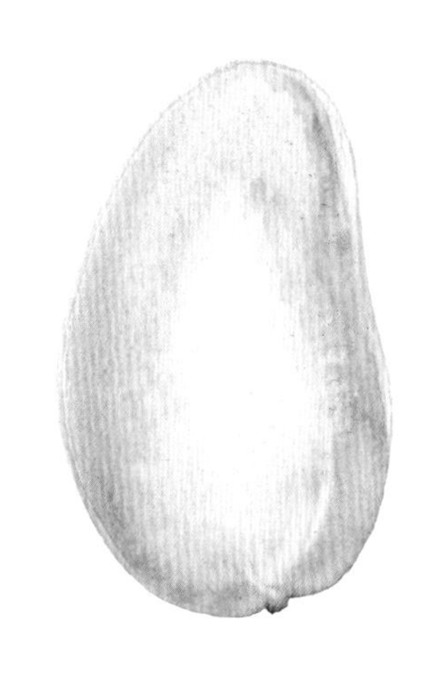

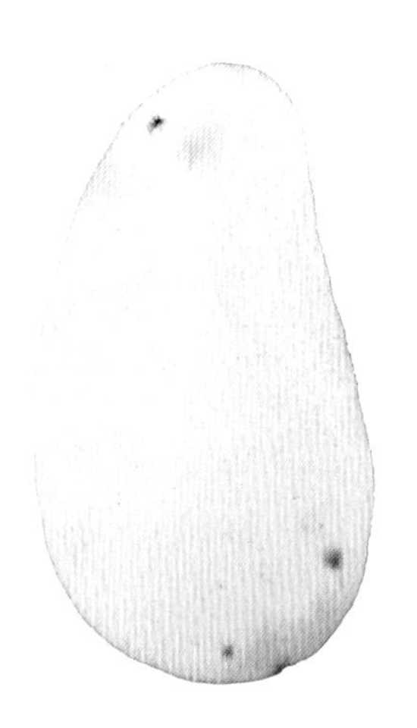

最佳赏味期
小满

分类
无患子目漆树科

原产地
东南亚

樱桃

欧洲贵族的禁果

“流莺偷啄心应醉，行客潜窥眼亦痴”，唐朝诗僧齐己在《乞樱桃》中这样形容樱桃的诱人。这飞来飞去的黄莺鸟实在啄得沉醉，行人也看得痴迷。

东汉的许慎在《说文解字》中对樱桃的名称做出了解释：“黄莺鸟喜含食和啄食此果，因而名叫‘含桃’和‘莺桃’，后谐音为樱桃。”对此，李时珍则认为樱桃因为长得像玉珠而得名：“其颗如璎珠，故谓之樱”。

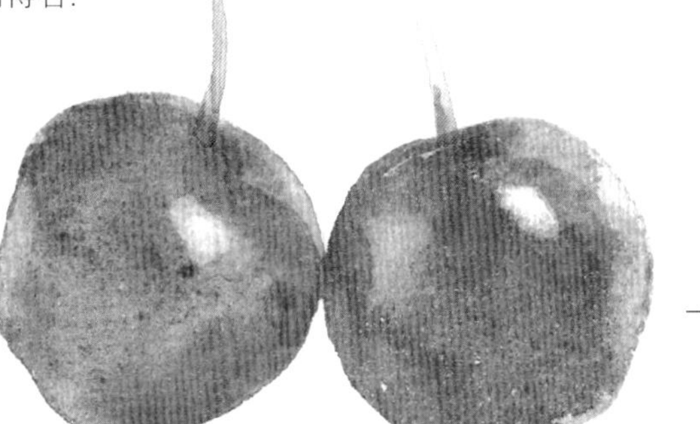

早在春秋战国时期就有关于享用樱桃的记载，根据瓦维洛夫的物种起源中心，中国是樱桃的起源中心之一。只是中国本土的樱桃品种个头较小，颜色较浅，味道偏酸，市面上又红又黑的大樱桃主要来自智利、美国和土耳其。

根据《满洲之果树》（1915 年）的记载，美国传教士在 1871 年带了首批樱桃品种到中国，并种植于山东烟台。然而甜樱桃果树在中国无法越冬，枝干容易枯萎，至今还没成功引种。

甜樱桃原产于地中海和黑海一带，罗马作家蒲林尼称樱桃属于最早一批让农民获利的水果。他在著作《自然历史》中明确提到，公元前 74 年，樱桃第一次出口，从古希腊城市 Cerasus 到达意大利，那时候意大利还没有樱桃树。然后过了 120 年，樱桃传到英国，随后由早期殖民者在 17 世纪初带到美洲。

凭借颜色、外形和味道，樱桃在各个领域都深得人心。除了鲜美的果肉，由吐出来的樱桃核还发展出了一项运动。在已经举办了四十多年的“国际吐樱桃核冠军赛”中，参赛者不论年龄，果核吐得最远者胜，目前吉尼斯纪录已接近 30 米。

樱桃在文化领域的影响也是不可忽视的。在含蓄的东方，樱桃寓意美好的爱情，而在西方，多个文学作品指明，樱桃常被用作性欲的象征。如莎士比亚在剧本谈到性的时候，几次使用樱桃来指代，美国诗人坎皮恩写的《她的脸上有一座花园》也被认为存在强烈的性暗示，英国作家戈登·威廉斯则研究过 16、17 世纪时樱桃的文化影响，他发现樱桃被欧洲贵族用来表示“肉体的罪恶”，并称之为“禁果”。

吐核大赛

除了品尝鲜美的果肉，盛产樱桃的美国还发展出了一项运动。在已经举办了四十多年的“国际吐樱桃核冠军赛”中，参赛者不论年龄，果核吐得最远者胜，目前吉尼斯纪录已接近 30 米。

挑果

味道鲜美的樱桃果肉饱满、结实，光泽度高，果蒂鲜绿。

最佳赏味期
小满

分类
蔷薇目蔷薇科

原产地
地中海、黑海、中国

蒲桃

玫瑰香味的天然小乐器

在南方的夏天，路边的蒲桃逐渐成熟。一个个乒乓球大小的淡黄绿色果实挂在树梢，路过的小孩抬头张望，垂涎三尺。

蒲桃也叫葡桃，英文俗名为 rose apple，是一种有玫瑰香味的中空型果实，口味香甜，十分诱人。蒲桃果肉厚度不到 5mm，里面包含 1~4 个棕色的、粗糙的核，摇动时会发出“咯咯咯”的声响。果皮有光亮的蜡质，看起来很干净，摘下来之后小孩子一般不拿去洗，擦一擦随手吃。

与莲雾一样，蒲桃来自桃金娘科的蒲桃属，两者的花朵几乎一模一样，含苞时呈“拳套”形状，绽放后由约数百根 4~5cm 的针型花蕊组成，气味清香。挂果期间，花蕊随风飘散，短时间内地面便铺满乳白色的花蕊，眼前一番浪漫的景象。

蒲桃原产东印度群岛和马来西亚，主要分布在亚洲热带地区。在 18~19 世纪，蒲桃从原产地向各大洲有所迁移，容易在河堤、海岛等较湿润的地方发现。除了来自热带的品种，中国南方还有广东蒲桃、华夏蒲桃、四川蒲桃等野生品种，但少见人工栽培。

在牙买加，除了生吃，蒲桃还被制成果冻、果酱、布丁和糖渍甜品。在 19 世纪后期的孟加拉，人们看中了蒲桃果实天然的玫瑰味，并利用蒸馏的方法获得“玫瑰水”，所得的产品能与提取自玫瑰花瓣的玫瑰水相媲美。

此外，蒲桃树作为常绿乔木，可长至 7~12 米高，形态美观，树冠舒展，可作为园林绿化、防护植物栽培。它的生长速度快，容易被修剪成理想的形状，例如在拉丁美洲，蒲桃树可以成为咖啡种植园的天然篱笆，保护着园内的作物。

吃果

[illegible]

挑果

[illegible]

最佳赏味期
小满
分类
桃金娘目桃金娘科
原产地
东印度群岛、马来西亚

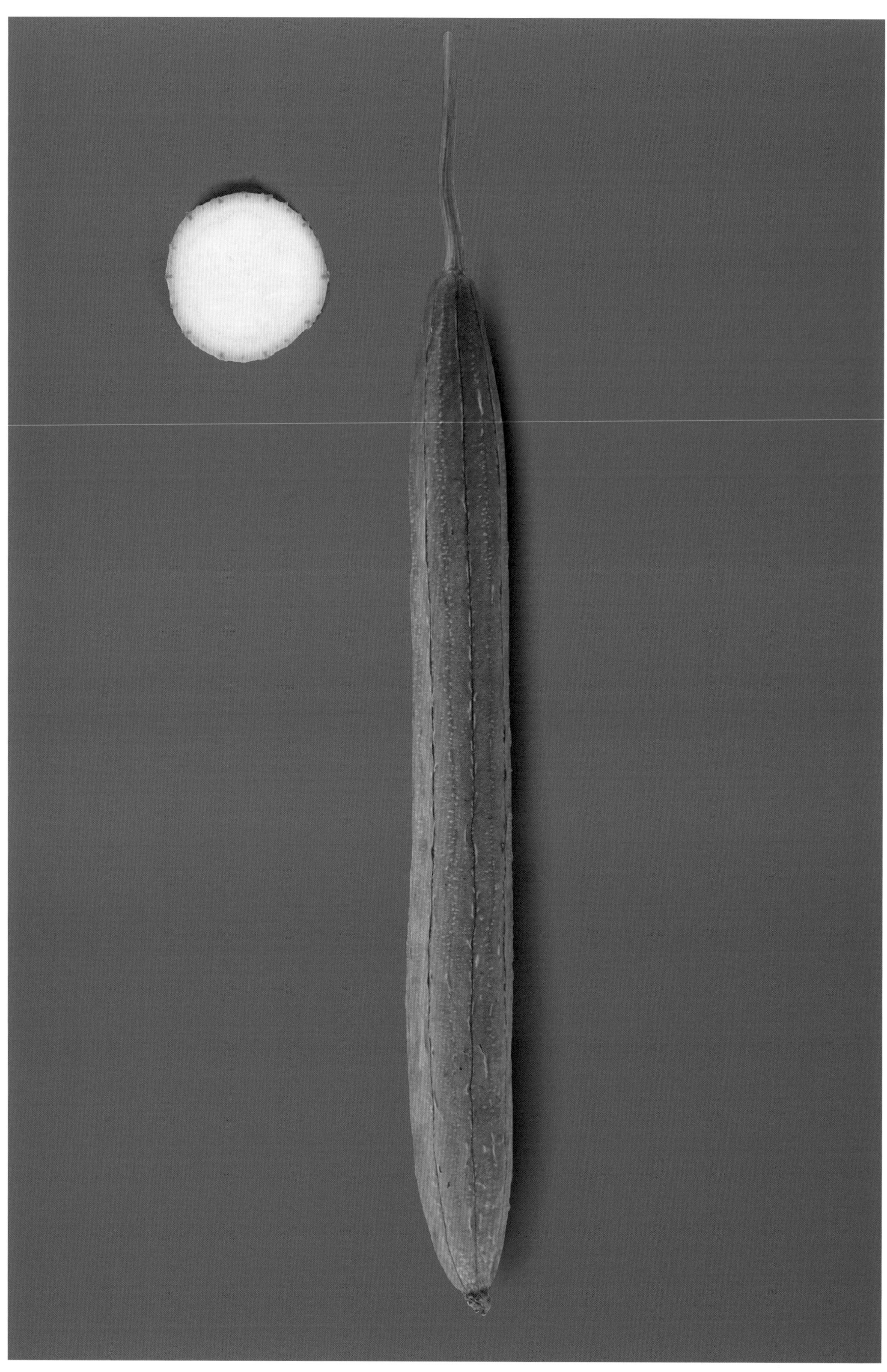

丝瓜

有棱还是无棱？

葫芦科中每种果实口感大不相同，黄瓜是爽脆的，南瓜是软糯的，西瓜是沙爽的，而丝瓜则是软绵绵的。切开丝瓜，就能看到里面海绵般的果肉，软软的肉质在煮熟之后会轻易变形，如果将它和肉或鸡蛋一起煮汤，吸满汤汁的丝瓜会出现另一种更软滑的口感。

只要给它足够的生长时间，柔软的丝瓜也会变得粗糙坚硬。《本草纲目》写道："老则大如杵，经络缠纽如织成，经霜乃枯，涤釜器，故村人呼为洗锅罗瓜"，说的是在藤上长到成熟的丝瓜，就像一根短木棒，布满经络，等到干枯后，就可以做成洗碗具的工具。

成熟丝瓜果肉中的经络要比鲜嫩丝瓜粗糙很多，此时将它放到太阳下暴晒，完全失去水分后去掉外皮和籽，就得到丝瓜络。洗干净的丝瓜络可以用来搓澡、洗碗或者剪下当作隔热垫。在古代工业不发达的情况下，丝瓜络是一种重要的清洗工具。而在现代，丝瓜络应用更加广泛，设计师们将丝瓜络做成灯套、坐垫或者屏风。

挑瓜 抓起有蒂的一端，轻轻上下抖动，晃动幅度大的丝瓜更嫩。老丝瓜的纤维变硬，很难抖动。

北方常见丝瓜的形状和黄瓜相似，表面黄绿色，有竖纹但没有棱；而在珠三角地区，丝瓜特指"棱角丝瓜"或"广东丝瓜"，表面有明显凸出的硬棱，人们还把"北方丝瓜"叫做"水瓜"。

广东丝瓜与无棱丝瓜相比，肉质稍微硬一些，一般削去硬棱和刮掉革质外衣即可煮食，削去硬棱后的外皮也更有嚼劲。一种常见的做法是，将它横切成一块块圆柱形，摆在碟子上，在丝瓜上放上蒜蓉或者虾仁，直接蒸熟。这样既保持了丝瓜的外形，又能品尝到它原来的味道。

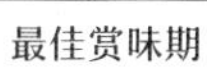

最佳赏味期
芒种
分类
葫芦目葫芦科
原产地
印度

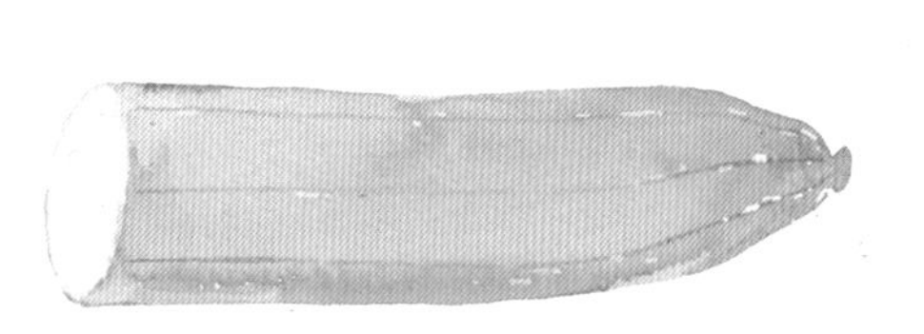

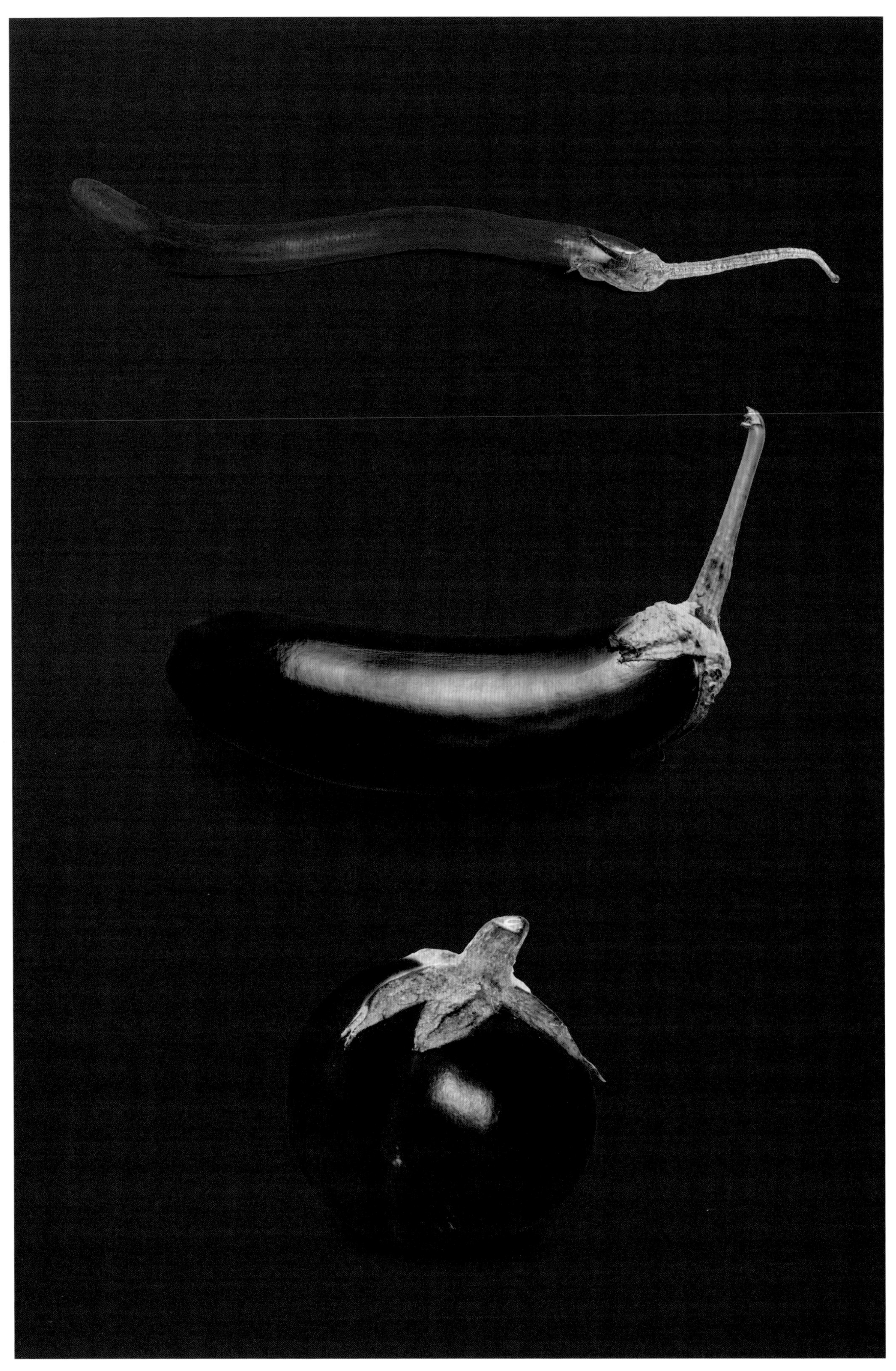

茄子

健康的烟草亲戚

《随息居饮食谱》中记载：“以细长深紫，嫩而子少者胜。荤素皆宜，亦可腌晒为脯。”

茄子已经在人类的餐单中存在了很多年，我国各地都有不少关于茄子的美食。普遍认为中国的茄子是由印度传入的，但是印度缺乏关于茄子驯化的文献，因此它的驯化地一直都存在争议，中科院的文献学家王锦秀认为茄子最初是在中国被驯化的。

公元前 59 年，西汉王褒的《僮约》中就有茄子的记载，此后我国的多本古籍中也记载了茄子果实变大 、味道变甜的驯化历程。到了今天，茄子变成了肉质肥厚的模样，除了我们熟悉的长形紫色茄子，还有圆形的、纤细的、粒状的，以及白色、绿色等各种外形和颜色的茄子。

茄子的肉质柔软，特别容易吸收调料和油。它的果肉由海绵状的薄壁细胞组成，细胞之间中布满充满水分的毛细管。煮菜时，高温使水分蒸发，调味和油就会代替水分进入这些毛细管中。入味是一件好事，但是吸满油的茄子却让人感到油腻。如果不喜欢茄子肉里充满油，可以在烧茄子之前，用盐揉搓茄子，使水分排出，让毛细管消失，这样油就不会再进入到茄子里了。

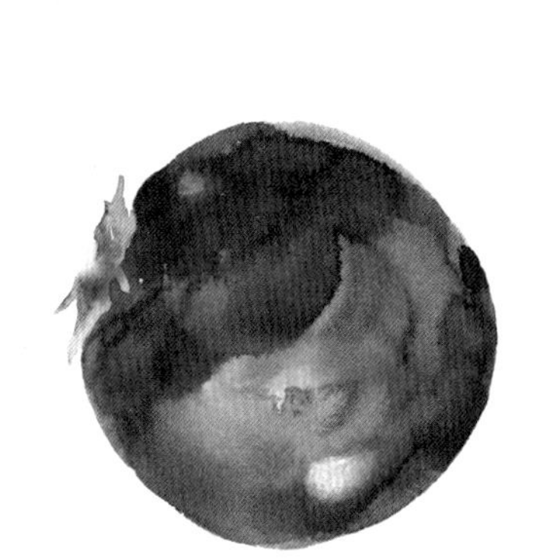

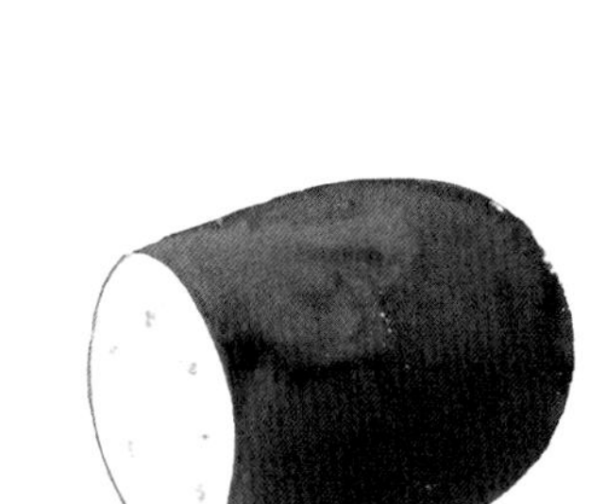

茄子有一个在人们眼中不健康的亲戚——烟草。它们同属于茄科植物，但与茄子不同，烟草是香烟的主要原料。作为同科的亲戚，茄子不可避免地含有一些尼古丁，每 10 克茄子中就含有 1 微克尼古丁，这相当于在有淡淡烟味的房间中坐 3 个小时。

挑果

新鲜茄子的萼片贴紧果实，形状匀称，果肉饱满。嫩茄子由于还处在生长期，萼片与果实之间有一圈白色的环，这样的茄子肉质较嫩。

可以放心的是，我们的消化道对尼古丁的吸收率不高。吃了茄子之后，尼古丁的浓度不高，身体很快就能代谢排出；不过吸烟可不是这样的。

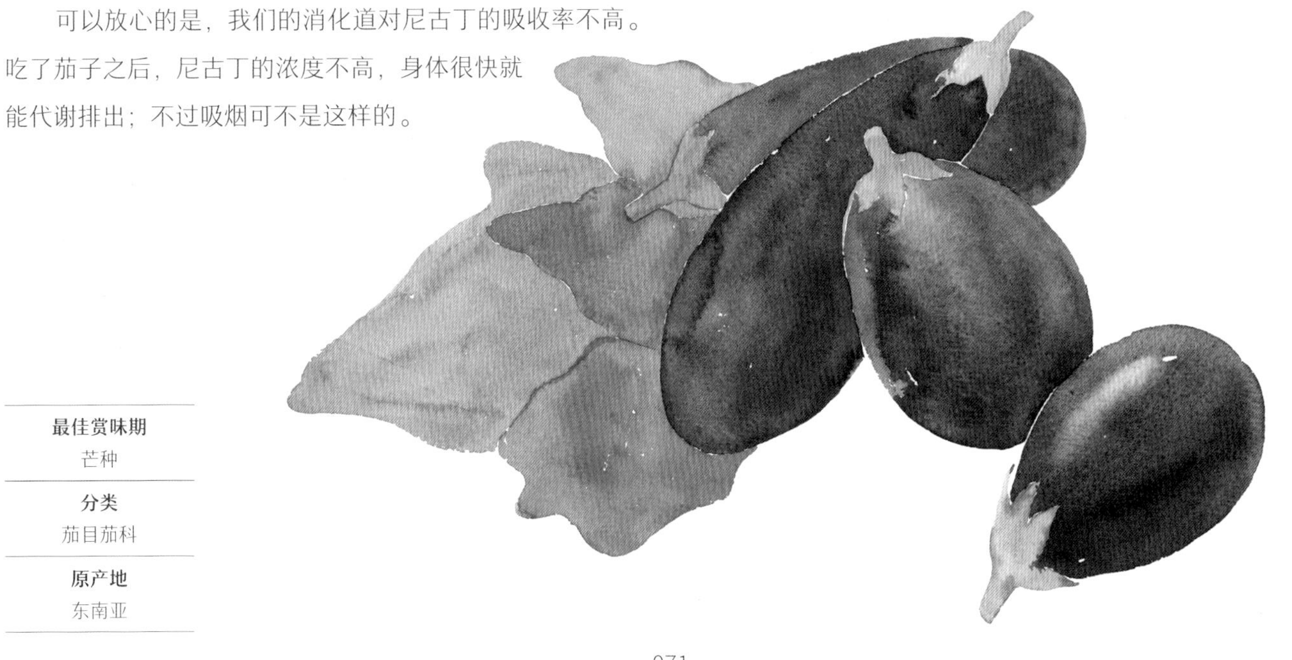

最佳赏味期
芒种

分类
茄目茄科

原产地
东南亚

李子

个子小，脾气大

黑色的布林、深紫色的西梅、红色的三华李、青色的江安李，还有黄色的黄金李，一提起李子，你最先想到哪个呢？为什么李子的种类外形差异这么大？其实如今所说的李子，是蔷薇科李属中李组果实的统称。

我们在市场上见到的李子大致分为中国李（Prunus salicina）和欧洲李（Prunus domestica），中国李原产于中国，在我国有悠久的栽培历史；欧洲李原产于西亚，后来被希腊引进，广泛种植于欧洲。

我国从 20 世纪七八十年代起开始引进欧洲李，目前常见的黑布林、西梅就属于欧洲李，其中黑布林的名字源于英文 Plum 。Plum 在英文中既代表李子，也代表梅子。李子和梅子同属于蔷薇科李属，梅子表面一般有细小的绒毛，而李子表面则很光滑。但是这种差别在它们被做成蜜饯后容易被忽略，常见的各类梅子蜜饯中，有些是真的梅子，有些则是用李子代替。

在我国古代的文化中，李子是一个美好的代表，常和桃子并称“桃李”。汉代《韩诗外传》记载的“夫春树桃李，夏得阴其下，秋得食其实”，指的是在春天栽种了桃树、李树，夏天就能在树荫下乘凉，秋天就能吃到好吃的果实，这里“桃李”被用来比喻老师栽培出的优秀学生，并由此演变出“桃李满天下”。

除了美好的象征之外，民间还有一句谚语“桃养人，杏伤人，李子树下埋死人”，其中“埋死人”大概是夸张手法，意思是吃桃子对身体好，而杏和李吃多了会不舒服。《滇南本草》上也记载李子：“不可多食，损伤脾胃。”如今看来，大概是因为杏和李中有机酸含量较高，大量摄入可能会引起胃痛，干扰胃的正常机能，从而影响健康。

挑果 成熟且新鲜的李子表面有一层白色的果粉，果脐深、果肉厚的李子口感更好。同一品种，越红的李子越甜，也有全绿但不酸的李子。

最佳赏味期
芒种

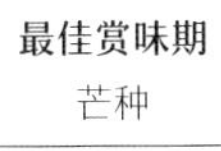

分类
蔷薇目蔷薇科

原产地
中国、西亚

荔枝

『大喘气』把自己弄没了

新鲜荔枝的外皮是红色或绿色的，剥开后里面是晶莹剔透的果肉，鲜嫩多汁，堪称“吹弹可破”。杜牧《过华清宫绝句》的“一骑红尘妃子笑，无人知是荔枝来”广泛流传，使荔枝成为夏季众多水果中名气最大的一个。

荔枝古称“离支”，得名于它摘下枝头就难以储存的特性。白居易在《荔枝图序》中写道：“若离本枝，一日而色变，二日而香变，三日而味变，四五日外，色香味尽去矣”，这道出了荔枝在摘下来之后，果皮会快速变色，香气和味道也会在短短几天内全部失去。

看着如盔甲一般的果皮，结构其实相当疏松，水分很容易就能从中蒸发。同时，果皮会发生褐变反应，即果皮中的多酚氧化酶和过氧化物酶将其中的无色酚化物变成黑色，使荔枝“一日色变”。变色后的荔枝在短时间内仍然可以保持美味的口感，之后剧烈的呼吸作用，将果实中的糖类迅速消耗殆尽，并产生不好闻的醇醛类物质，造成“色香味尽去矣”的结局。

古代的中原地区，想吃到新鲜的荔枝不是一件容易的事，即使唐玄宗令人用驿马一刻不停地将荔枝送往长安，抵达时的荔枝也已经失去了新鲜的风味。苏轼在被贬谪到岭南之后，就发出“日啖荔枝三百颗，不辞长作岭南人”的感叹，表示只要能每天吃到新鲜美味的荔枝，就愿意长久地留在岭南。

时至今日，新鲜荔枝的储存仍然是个难题，就算放在冰箱中冷藏，最多也只能存放半月左右。不过幸运的是，如今运输便利，荔枝被采摘下来之后，隔天甚至当天就能送到不同的城市。我们不必亲自到产地，就能品尝到不同品种的新鲜荔枝，这点可是比唐玄宗和杨贵妃更加幸福。

挑果

挑选时确保荔枝果皮红润，无褐斑，果蒂无渗水。

荔枝之王

荔枝中有一珍稀佳品名为“挂绿”，颜色、味道和口感颇为独特，古有“增城挂绿贵如珠”、“挂绿爽脆如梨”等赞美之句。传说八仙中的何仙姑在荔枝树上小歇，离开之时她的一条绿色丝带遗留在树上，自此之后这棵荔枝树上结出的荔枝皆有一道绿痕，挂绿因而得名。康熙年间，十多棵挂绿栽种在广州增城，而如今只剩下城西一棵纯种母树，已有数百年历史。2002 年，挂绿母树的一颗荔枝以 55.5 万元的价格被拍下，所得款项用于挂绿母树的养护和挂绿广场的维护。

最佳赏味期
芒种
分类
无患子目无患子科
原产地
中国南部

黄皮

夏天里的『大好人』

黄皮、龙眼和荔枝都是夏季的时令水果，上市时间差不多。论长相，黄皮可以说是输在了起跑线上。手指头那么大的黄皮里，果籽几乎塞满了所有空间，能吃的果肉少得可怜。黄皮表面粗糙，布满短硬的茸毛，稍不小心，易过敏人群可能会嘴唇红肿。

娇嫩欲滴的荔枝总是美食家们惦记的对象，他们总是希望趁荔枝最新鲜的时候多吃一些。而南方流行一种说法："一个荔枝三把火"，往往在人们吃完荔枝上火的时候，不起眼的黄皮就会出来"救场"。正如清代的李调元在《南越笔记》中写道："黄皮果，状如金弹，六月熟，其浆酸甘似葡萄，可消食，顺气除暑热，与荔枝同进。荔枝餍饫，以黄皮解之。"

黄皮"消食"的原理在于，黄皮中富含有机酸，可以增加消化酶的活性，从而达到促进消化的作用。

黄皮原产自我国南部，分布在热带和亚热带地区。在历史上，黄皮更多被看作一种民间草药，它的各个部位均可入药。从各大古籍中发现，黄皮的果实能消除滞食、去除暑热；果核能治疝气、治胃痛，外敷还可以治蛇伤；树叶对咳嗽、哮喘有疗效；树皮能散热；树根则可以缓解肿痛。

鸡心黄皮 形似鸡心，因而得名。果皮泛着老黄铜色的光泽，果肉偏甜，汁多核少，这是岭南人偏爱的黄皮品种。

挑果 黄皮成熟时，颜色从绿色变为金黄色，果实饱满、有弹性。两串大小相近的黄皮，挂果稀疏、果实大颗的一串比较甜。

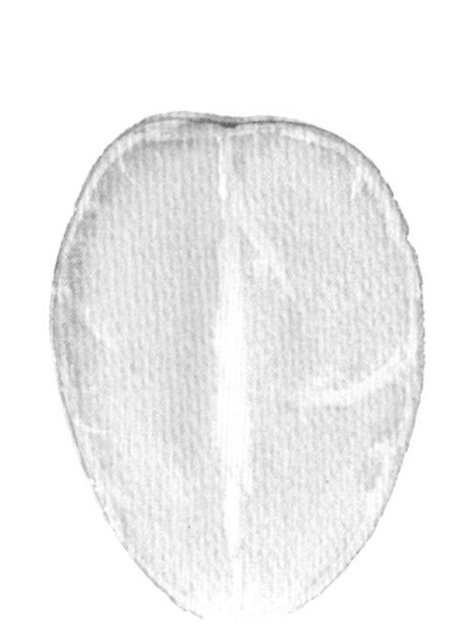

最佳赏味期
芒种
分类
无患子目芸香科
原产地
中国南部

苦瓜

鸟儿，再等等，熟的种子甜

自然界中，每种植物都身怀绝技，菠萝懂得利用菠萝蛋白酶来驱赶捕食者，苦瓜则以苦味来保护“未成年”的果实。

苦瓜的苦味来自葫芦素和苦瓜素，在苦瓜生长过程中，嫩瓜的苦味最浓。避免病菌和害虫的侵害之余，苦味最重要的目的是预防草食动物和鸟类过早吞吃果实。

在种子成熟之前，苦瓜的果肉都会保持较高浓度的苦味。一旦种子成熟，苦瓜果肉的苦味消失，果肉发软，并且整体变成橙黄色。它的果皮还会自下而上裂开，自动为捕食者“开门”。成熟的苦瓜种子会变成鲜艳的红色，闪耀着光泽，表面还包裹着一层甜味的外衣。

这个时候，苦瓜的种子已经准备好了。苦瓜也已经改变策略，它利用颜色和味道引诱捕食者，希望它们把种子带到更远的地方。

餐桌上，我们很少看见成熟的苦瓜，市场上卖的基本都是嫩瓜，很明显苦瓜在进化过程中并没有考虑到人类的威胁。与香蕉、青瓜等蔬果的情况一样，在青皮状态下采摘的苦瓜更容易保存和运输。长久以来，人们对苦瓜的苦味变得钟爱有加，尤其是在炎热的夏天，那种无比清新的苦与甘能有效缓解暑热。

苦瓜又被称为“君子菜”。与别的食物一起煮的时候，苦瓜不会把苦味传出去，而是留在自身之中，被认为有“君子之德”。即使用苦瓜煮汤，汤水的味道也只是怡人的清新与甘甜。

白玉苦瓜

似醒似睡，缓缓的柔光里似悠悠醒自千年的大寐一只瓜从从容容在成熟一只苦瓜，不再是涩苦日磨月磋琢出深孕的清莹看茎须缭绕，叶掌抚抱那一年的丰收像一口要吸尽古中国喂了又喂的乳浆完美的圆腻啊酣然而饱那触觉，不断向外膨胀充满每一粒酪白的葡萄直到瓜尖，仍翘着当日的新鲜。

——节选自余光中《白玉苦瓜》

挑瓜

嫩苦瓜粗细均匀、顺直，肉厚，轻捏不会变形。肚子大的苦瓜瓤大，肉薄。表面花纹之间透出黄色的苦瓜较成熟，苦味较淡。

最佳赏味期
夏至
分类
葫芦目葫芦科
原产地
印度

辣椒

不能伤害鸟儿

辣椒最初是由哥伦布带离美洲大陆的，随后它从欧洲到了印度，最后抵达中国，成了中国人最爱的餐桌调料之一。

在冒险的路上，辣椒一路变身，出现了橙色、黄色、乳白色和圆粒状、灯笼状等各种外形以及不同辣度的辣椒。其中灯笼椒辣度最低，有完全不辣的品种，而目前世界上最辣的辣椒是英国培养的“Dragon's Breath”，它的辣度是朝天椒的 51~82 倍，普通辣椒的 248 倍。

辣椒的辣不是味道而是一种感觉，这种感觉来源于辣椒素。辣椒素和人体神经元作用，给人带来灼烧的痛感。灼烧感让大脑误以为人体受伤，促使身体释放内啡肽，带给人愉悦的感觉以此减轻被刺激的痛感，于是就有了“吃辣之后更舒爽”的感觉。

大部分人都有这种经验，辣椒的果皮是整个辣椒中最不辣的。辣椒素由长满辣椒籽的胎座分泌，顺着维束管传递到其他部分，因此辣椒最辣的部分在胎座和白筋。有趣的是，鸟类感觉不到辣椒素的刺激，并且无法消化辣椒籽，所以早期的辣椒依靠鸟类大范围传播。

越湿润的地区种出来的辣椒口感越火爆，这体现了辣椒素对辣椒的重要性。湿润环境下威胁辣椒健康的真菌容易生存，为了抵御真菌感染，辣椒就分泌更多的辣椒素；而在干燥地区，这一威胁大大减少，于是辣椒分泌的辣椒素也减少，因此干燥地区种出来的辣椒口味更温和。四川和湖南等地区气候湿润，种出的辣椒辣度较高，当地人也极爱吃辣。

辣味评测法

史高维尔感官测试（Scoville Organoleptic Test）是第一个测量辣椒辣度的实验室测试，由美国药剂师威尔伯·史高维尔（Wilbur Scoville）于 1912 年设计。他的方法是用液体将辣椒样品稀释，直到评测人员不能尝到辣味为止。用了一个单元稀释物的辣度则称为“1SHU”（史高维尔辣度单位），数字越大，辣椒越辣。如今，已有更科学的方法代替人工品尝，利用高效液相色谱法（HPLC）能更精确地提取辣椒素并计算评级，辣椒素含量越高，评级越高。

挑果

常见的辣椒品种里，灯笼椒不辣，线椒、大青椒、螺丝椒少辣或中辣，朝天椒比较辣。

最佳赏味期
夏至

分类
茄目茄科

原产地
墨西哥、哥伦比亚

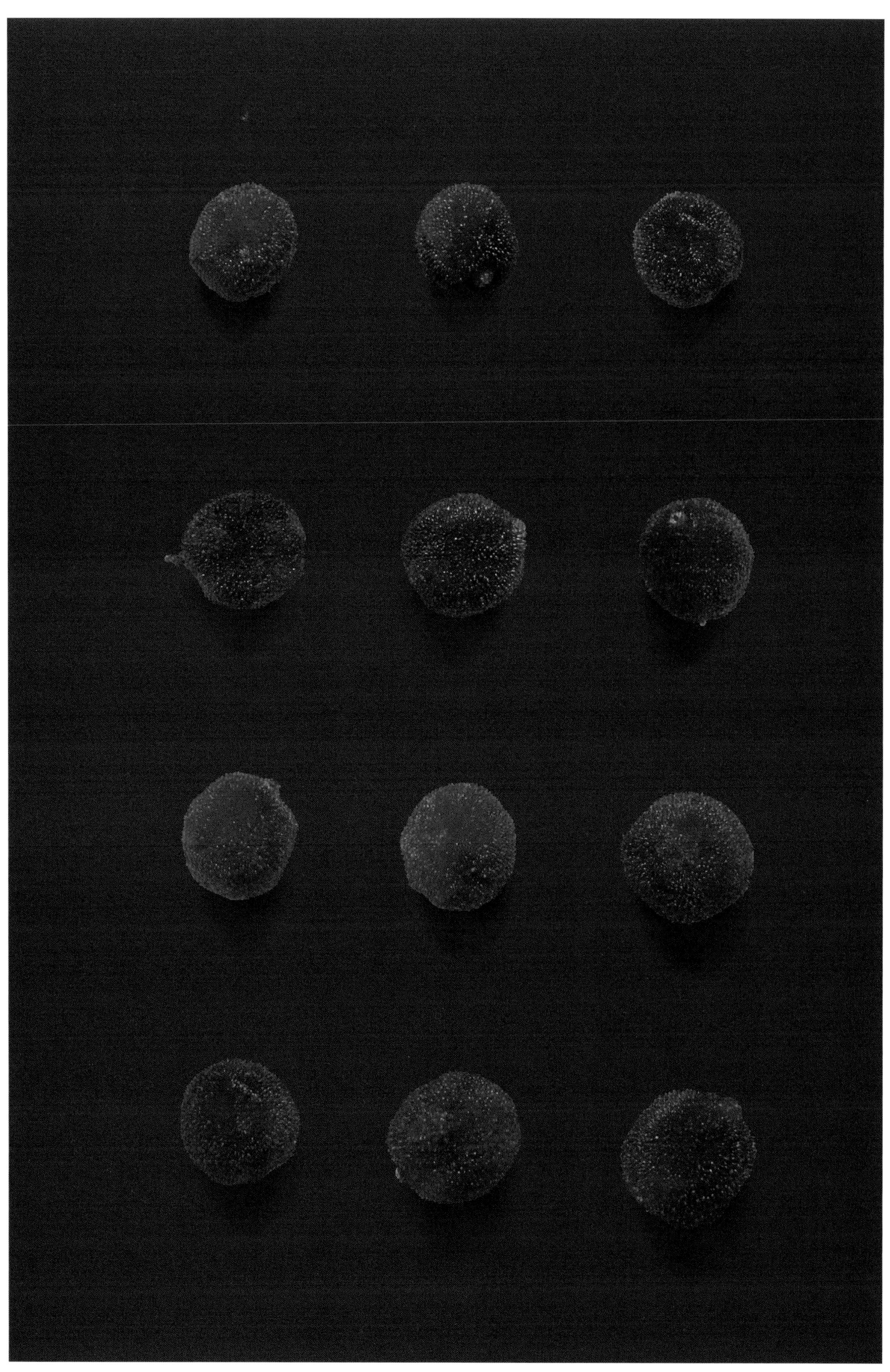

杨梅

在树上『裸』跑

若说荔枝是名气最大的夏季果实，那么杨梅也丝毫不逊色。早在南朝的时候，江淹在《杨梅颂》中就将杨梅写作“宝跨荔枝，芳轶木兰”，指它比荔枝珍贵，比木兰芳香。明朝大学士徐阶更是写道：“若使太真知此味，荔枝焉得到长安？”说假如杨贵妃吃过了杨梅，那荔枝就不会被送往长安了。

如果将杨梅替代荔枝成为贡品，那它肯定很难抵达长安。不似荔枝有外壳保护，杨梅嫩嫩的果肉直接暴露在外，轻轻用力就会将它的果汁挤出，更别论在古代进行长途运输了。

常见的杨梅颜色大多是紫色或红色，深色的果肉让人垂涎三尺。实际上杨梅有白、红、紫三种颜色，红色和紫色的杨梅栽种广泛，品种繁多，出名的有荸荠杨梅和东魁杨梅，而白杨梅则比较少见，《本草纲目》还记载杨梅是“红胜于白，紫胜于红”。

挑果

好的杨梅颜色鲜红，果面干燥的，手感软硬适中，表层的果粒凸起才是最佳选择。入口汁多，鲜嫩带有甜味，吃完后嘴里没有余渣。

杨梅的外表凹凸不平，咬开一口，会发现一条条细细的果肉直接从果核中延伸出来，果肉从白色至深红，像一根根小火柴，这样无数的“小火柴”组成一颗肉质丰厚的杨梅。不能直接在暴露的果肉上头施用杀虫剂，于是疏松的“火柴头”之间的空隙就成了小虫子的绝佳藏身之处。

在防护上没有法子，就只能从清洗上用心思了。果肉里藏身的虫子一般是果蝇幼虫，无毒甚至还富含蛋白质，目前最有效清除果肉中虫子的方法，是在食用杨梅或者将它放进冰箱前用高浓度的盐水浸泡，虫子就会跑出来了。

一颗值千金

五月杨梅已满林，
初疑一颗价千金。
味方河朔葡萄重，
色比沪南荔枝深。
——《杨梅》唐 · 平可正

最佳赏味期
夏至
分类
壳斗目杨梅科
原产地
中国

火龙果

仙人掌生了个火球

颜色鲜亮的果实上长着鳞片，就像一个蹿着火苗的火球。对于火龙果家乡（中美洲）之外的人来说，火龙果的造型都算得上奇特，并在命名上充分发挥了想象。在中国，火龙果因外表像蛟龙的鳞片而得名；在英语国家有另一种说法，火龙果是神龙战败后的最后一口气息，于是叫 dragon fruit（龙果）。

跟果实一样，外表布满鳞片，火龙果的花呈长形，更像龙喷出来的一把火。它只在夜间盛开，就如昙花一现，第二天破晓之后就开始收拢。尽管时间短暂，但花朵的体积大、香气浓郁，足以吸引飞蛾等夜行飞行动物过来授粉。

作为仙人掌科的植物，火龙果的树跟仙人掌十分相似，跟它有亲缘关系的有广东人常用来煲汤的霸王花。两种植物的花外形相似，但是霸王花一般不结果，常用作火龙果嫁接的砧木。

常见火龙果有白肉、红肉和黄皮白肉三个种类，其中火龙果的红色外衣和果肉颜色源自甜菜红素。与其他天然植物色素一样，甜菜红素提取后可用作天然染料。甜菜红素还被认为是一种具有抗癌性的抗氧化剂，一般存在于石竹目的一些植物中，比如苋菜、甜菜根。甜菜红素可溶于水，吃完红肉火龙果后，舌头会被染成桃紫色。

挑果

白肉火龙果较大，呈椭圆形，膳食纤维多；红肉火龙果更圆，“火苗”较短，味道较甜，富含甜菜红素；黄皮白肉的火龙果较小、籽大、甜度最高。

吃果

成熟的火龙果可以从顶端撕皮，直接咬；可以切成四瓣吃，也可以切开两半用勺子舀着吃；或者像切芒果一样，分半后中间划几刀，果皮一翻，果肉通通掉出来。火龙果果肉柔软，味道清甜，除了生吃，还可以与味道浓郁的水果打成果汁，或与牛奶混合做成水果奶昔、雪糕等。

最佳赏味期
夏至

分类
石竹目仙人掌科

原产地
中美洲

佛手瓜

双手合十，就地生长

佛手瓜也叫合掌瓜，外形像双手合十的姿势。佛手瓜肥厚多肉，口感醇厚。削皮时有白色的黏液分泌，需要戴手套处理。

攀爬的嫩梢也可以食用，因长着细长的须，俗称龙须菜。瓜苗的最佳采收时间为春秋两季，果实的收成则一般在初夏和冬季。种了两年以上的佛手瓜，根茎粗如地瓜，口感像山药，亦可做菜。

佛手瓜的种子没有休眠期，无法像其他种子一样储存起来，且容易发生“胎萌”现象。如果成熟后不及时采摘，种子会直接在佛手瓜里萌发，从缝隙处冒出嫩芽。有时候切开佛手瓜，也会发现里面的果籽已经发芽。

基于植物的种子传播体系，大多数植物会为种子设计坚韧、密封的果壳，以隔绝种子萌发所需的空气和水，如核果；或让种子处于液态的胎座中，并在种子周围分泌抑制种子生长的脱落酸和有机酸，如浆果。这样做能让种子在一段时间内处于休眠状态，以防种子提早发芽。当种子成功传播并处于安全、适合生长的环境时才会发芽，这种做法的确提高了种子的成活率。而当果实储存过久，种子过度成熟，并且抑制生长的物质消耗完毕，此时种子也会可能发生胎萌，常见的有番茄、木瓜、哈密瓜等。

而有些植物不需要种子远距离传播，植株允许它们在附近完成生长周期，这样的植物种子通常容易发生胎萌，如稻谷、红树和佛手瓜。

佛手瓜只有一颗种子，并紧贴果肉。尽管没有果壳，也没有液态胎座，但植株为它的种子精心设计了一种发芽方式。发芽期间，佛手瓜的种子不像其他种子那样需要吸水膨胀然后让胚根突破种皮，它的特别之处在于先从缝合线处长出子叶，随后再生根，整个过程也只需极少量的养分和阳光。这样一来，一个强壮的果实足以支撑后代的萌芽。

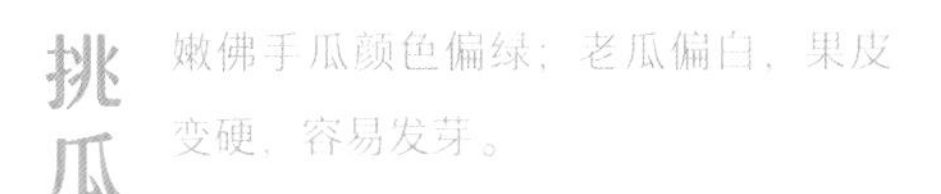

最佳赏味期
小暑

分类
葫芦目葫芦科

原产地
中美洲

苋菜

一口野味一口『药』

在炎热的夏季，过于清淡或者过重的口味都不是餐桌的首选，此时甘香野味的苋菜也许能引起你的注意。只需简单做成汤或者用蒜子炒，就能品尝到美味的汤汁和顺滑的口感。

野生苋菜品种繁多，菜市场里常见的有绿苋、红苋和杂色的苋菜。《本草纲目》对红苋有“赤苋亦谓之花苋，茎叶深赤，根茎亦可糟藏，食之甚美味辛”的描述，这说明苋菜的根、茎、叶都能吃，而且“甚”美味。

苋是一种古老的植物，在甲骨文中已有记载。苋菜的药用价值高，从古至今一直是入药的配方，众多古籍均有记载。

古人相信苋菜能除热、明目。《食疗本草》说它有“补气除热，通九窍”的作用，《滇南本草》则记载了它能“治大小便不通，化虫去寒热，能通血脉，逐瘀血……诸苋利大、小肠之热结。凡脾胃虚弱者忌食”。《神农本草经》中记载苋菜“主青盲，明目除邪，利大小便，去寒热”。

苋菜还被认为能治痢疾、虫毒。《本草图经》中记载“紫苋，主气痢；赤苋，主血痢”。《唐本草》则载“赤苋，主赤痢，又主射工沙虱”。除了各种痢疾，古人认为苋还可以治“射工、沙虱”等虫毒。李时珍在《本草纲目》中也写道，“蜂虿螫伤：野苋擦之”。也就是被蜂或毒虫咬伤时，可以拿野苋擦拭伤口。

现在直接把苋菜当药吃的人少了，但在人们印象里它依然是一种“对身体好”的野菜。从现代医学的角度，我们不宜盲信古籍中的药方，但也不至于敬而远之，不过量即可。

挑菜 鲜嫩的苋菜根须较纤细，茎部颜色略通透，容易折断。

不是谷物的『谷物』

苋菜花由微小的颗粒状芽组成，一株植株每年可生产6万粒种子。尽管苋菜籽形态和营养成分与谷物类似，但它仍是一种“假谷物”。苋菜籽可研磨成粉，用来为汤、酱汁和炖菜增稠。

最佳赏味期
小暑

分类
石竹目苋科

原产地
中国、印度、东南亚

番石榴

鸡屎果的『超人』身份

看到“番”字，大概猜到这也是由外国番舶运来的水果。原产于加勒比海沿海、美洲中部和南部，番石榴主要生长在热带和亚热带地区。番石榴适应力强，现全球多国有广泛栽培。在中国，它还有鸡屎果、芭乐、花拈、拔子等别名。

番石榴含有几乎所有人体必需的营养物质，它因此获得“超级食物”的美名。其中的维生素、矿物质和抗氧化剂能提高人体免疫力、抗衰老、有效抵抗退化性疾病。番石榴富含可溶性植物纤维，它还是一种低热量、低脂、容易饱腹的水果，适合控制体重人群食用。番石榴叶含有的单黄酮苷能有效降低血糖数值，是糖尿病人的理想食物。

常见的番石榴肉有白、粉、红、黄几种颜色，未变软的番石榴清甜爽脆，熟软之后口感变得奇妙，介乎于柔滑和结实之间。每一口果肉都渗出香甜的汁液，让人无比满足。布满果籽的胎座部分尤其诱人，口感和香味更甚，细核虽坚硬，但大部分爱吃番石榴的人，大概都会直接忽略，照吞不误。

除了生吃，番石榴还流行蘸料吃，在海南和泰国等热带地区，人们喜欢将番石榴蘸糖或蘸辣椒盐吃，在中国大陆，许多水果店喜欢为番石榴搭配咸梅子粉，在中国台湾地区，人们喜欢蘸盐，在墨西哥，人们会为了吃番石榴专门特制一种热的酸甜酱。

尽管“超级”，番石榴也有要注意的地方，番石榴富含鞣酸，有收敛止泻的功效，吃太多或肠胃虚弱者容易引起便秘。另外坚硬的籽也是不容易消化，用苏东坡的话，细核“嚼之瑟瑟有声，儿童食之或大便难通”。

挑果

番石榴成熟时香气诱人，果皮绿中透白。未熟的果实颜色偏绿，无香味。轻按番石榴，果实新鲜时比较结实，水分蒸发后变软。

菠萝番石榴

果肉质地相似，斐济果（Acca sellowiana）常被错认成缩小版的番石榴，其实二者是不同的种类。鸡蛋般大小，混合着菠萝和番石榴的气味，因此斐济果又被叫做“菠萝番石榴”，在新西兰广泛栽种。

最佳赏味期
小暑
分类
桃金娘目桃金娘科
原产地
美洲

龙眼

才不是荔枝的小跟班

龙眼因乌亮的果核像眼球而得名，李时珍也说过：“龙眼、龙目，象形也。”龙眼的英文名和学名的种加词（学名的第二部分）均为 logan，来自龙眼的粤语发音 [lung4 ngaan5]。

生于中国南方，龙眼经常和大名鼎鼎的荔枝绑在一起，甚至被人称作“亚荔枝”、“荔枝奴”。这个说法出现在唐代刘恂的《岭表录异》中：“荔枝方过，龙眼即熟，南人谓之荔枝奴，以其常随于后也。”尽管荔枝过季后龙眼才成熟，称之为“奴”实在有点过分。

龙眼和荔枝的确形影相随，同为无患子科，龙眼树和荔枝树非常相似，不熟悉的人难以分辨。北宋苏颂在《本草图经》中也这样形容龙眼：“龙眼生南海山谷中，今闽、广、蜀道出荔枝处皆有之”，也就是说哪里有荔枝，哪里就有龙眼。

两个不同的物种本来没有高下之分，只是人们偏爱荔枝，喜欢拿它作参照物，但龙眼绝不是荔枝的“奴”。龙眼的甜跟荔枝不一样，它是那种温润的纯甜，肉质有韧性，口感爽滑多汁。龙眼给人的印象就是“补”，它能补虚、养血、益气、安神，还对神经系统有安抚的作用。

晒干的龙眼肉被称为桂圆，它浓缩了新鲜龙眼的精华，是一种滋补的食膳和药膳补品。无论是直接吃，还是常和红枣、姜搭配做成茶或汤，都能温补身子，尤其适合心脾、气血虚弱的人。如此一身正气的龙眼怎么可能是荔枝的奴呢？

挑果

[illegible]

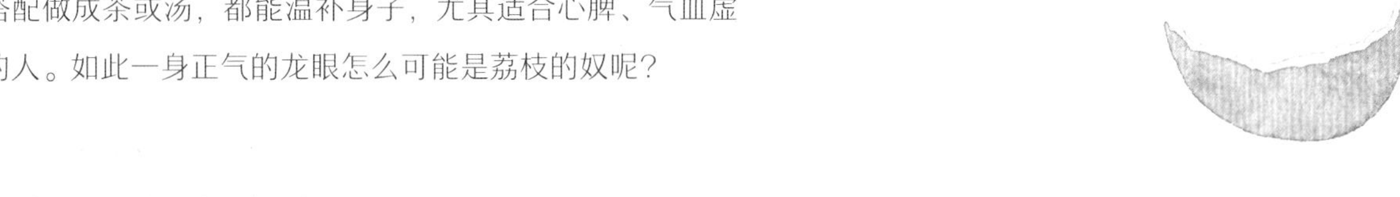

打一果子

[illegible]

最佳赏味期
小暑
分类
无患子目无患子科
原产地
中国

冬瓜

火炉天气的清凉配方

大暑，“乃炎热之极也”，是一年中最热的时候。此时普通蔬菜已经无法抵挡难熬的酷热，只有这种名字有“冬天”、表面带“白霜”的瓜才能真正消暑。

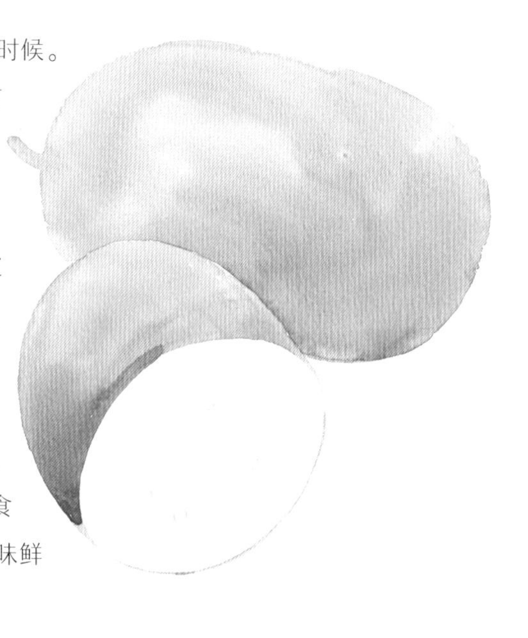

一个冬瓜的水分占它重量的96.1%，比黄瓜的含水比例还大一点。除了虾皮炒冬瓜、红烧冬瓜，广东还有一道夏天颇受欢迎的传统名汤“冬瓜盅”。这道汤以半个冬瓜为容器，挖去瓜瓤和部分冬瓜肉后，瓜边修成锯齿，里面放入多种食材一起炖成靓汤。冬瓜盅和食材之间的味道互相渗透，冬瓜入口即化，汤味鲜而不腻。

在酒楼吃这道菜，还会看到冬瓜盅的外皮有各种花鸟鱼虫的雕花，或者福、寿等字样，龙、凤、鱼、仙鹤等图案惟妙惟肖，十分喜庆。

制作冬瓜盅，首先要选一个成熟的老冬瓜，因为嫩瓜的纤维比较软，在炖煮过程中容易下塌，有损盅形。瓜盅里的食材也十分讲究，传统做法是先将鸡肉粒、蟹肉、虾肉、火鸭丝、带子、干贝、丝瓜粒、黄耳、鲜草菇、竹笙、鲜莲子等生料放入挖好的冬瓜里，再倒入用老鸡、红肉和金腿熬成的高汤，然后整个瓜盅放入蒸炉或炖锅，烹饪四五小时，出炉后撒上一把夜香花即可。

挖出来的冬瓜籽和瓜瓤同样拥有消暑的功效，可入药。《本草图经》里记载，将冬瓜瓤晒干，煎水喝，可以“清热，止渴，利水，消肿”。《神农本草经》认为“冬瓜子令人说（悦）泽，好颜色，益气不饥。久服轻身耐老”。现代医学的解读为冬瓜含有丙醇二酸和葫芦巴碱，前者能抑制糖类转化成脂肪，后者可以促进新陈代谢，夏日时常食用令人身体轻盈、耐老。

没有冬瓜的冬瓜薏

传统的海南清补凉中，有一种名叫“冬瓜薏”的配料，晶莹透亮，嚼劲十足。冬瓜薏名为此，原料却不是冬瓜，而是用地瓜粉制成，只因海南人们口口相传，才有了“冬瓜薏”的说法。

挑瓜

肉多、瓤少、皮薄的是好冬瓜。硬皮的冬瓜比较老，肉够结实，适合连皮煲汤；软皮的冬瓜较嫩，适合削皮炒菜。

最佳赏味期
大暑

分类
葫芦目葫芦科

原产地
中国、印度

西瓜

马克·吐温说这是天使的食物

美国作家马克·吐温在他的小说《傻瓜威尔逊》里提到，西瓜是人间奢侈品之首，是上帝创造的所有水果中最重要的恩赐，谁尝过就会知道天使吃的食物是什么味道。

在酷热的夏日，恐怕只有清甜舒爽的西瓜才能带来这种沁心的幸福感。切开西瓜的那一刻，西瓜的清香扑面而来，整个人随即沉浸在清新和湿润的香气中，那是一种天气越炎热越能体验到的愉悦感受。

这种香气主要来自俗称“西瓜醛”的芳香味化合物，切开后，香气从连续酶催化反应中生成，由于反应的持续时间比较短，吃完西瓜时，空气中的香气大概也消失了。切西瓜还会释放一种青草味的“青叶醛”，这种物质大量存在于青草中，有人说割草时也能闻到清新的西瓜味也并非不正确。

肥厚多汁的果肉得益于西瓜子房的发育过程，子房里的胎座膨大发育形成大部分的红色果肉，种子散布其中。中央最美味的部分是西瓜的“侧膜胎座”，此处没有种子生长。为了减弱种子对口感的影响，人们还利用三倍体不育原理培育出无籽西瓜，没有发育成种子的胚珠只能形成细小的白色秕子。这样一来，几乎整个西瓜的口感都像在吃中间的一口。

挑西瓜时，不管会不会听，每个人都会上手拍几下，感觉这样才是挑西瓜的正确方式。事实也确实如此，生西瓜的瓜肉、瓜皮都比较硬，随着西瓜的成熟，西瓜中的纤维素会被分解，瓜肉会变得松弛，声音也因此改变。

挑瓜

拍西瓜的时候，仔细听，熟西瓜的果肉比生西瓜疏松，因此声音比较低沉。其次是看纹路，无论体积大小，熟西瓜膨大的幅度较大，因此纹路更舒展。

方形西瓜

三十多年前，为了节省空间和方便运输，日本人种植出方形西瓜——将西瓜放置在方形钢化玻璃盒中，西瓜会根据模具的形状生长。尽管形状独特，方形西瓜的口味却不大如意，价格也十分高昂，多作观赏用。

最佳赏味期
大暑

分类
葫芦目葫芦科

原产地
非洲

山竹

小胖墩的顽拗方式

山竹就像一个可爱的小胖墩。圆滚滚的身子，连果子上的四个萼片也是圆圆地鼓起，掰开果壳，就看到里面白嫩嫩的果肉。细心的人可能会注意到，山竹底部有朵“小花”，并且花瓣数总是等于果肉的瓣数，这不是一个巧合。

底部的“小花”叫做蒂瓣，由山竹花的雌蕊柱头开裂形成。裂片即“小花瓣”的数量就等于山竹花的子房心皮数，在果实发育时，一个心皮发育成一瓣果肉，擅长选购山竹的人会通过蒂瓣来挑选果肉瓣数多的山竹。

可爱的长相只是它掩藏“顽皮”种子的手段。大多果蔬的种子都需要干燥保存，而山竹的种子喜欢湿润的环境，一遇干燥就失活，因此得名为“顽拗型种子”。这个特性让最初的栽种者吃了不少苦头，他们用一般的干燥手段保存山竹种子，却不知道这样适得其反。

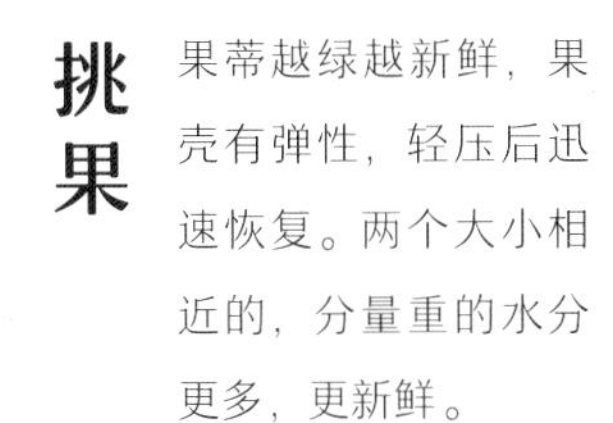

掰山竹时，它的外壳还总会将人的手染上紫色和黄色的汁液，紫色是果壳的颜色，黄色则表明了它属于藤黄属的身份。藤黄属的成员为大家提供了国画中常见的颜料“藤黄”，山竹作为当中一员也有充当染料的作用，它那浓重的紫色外壳就是极好的天然染料。

挑果 果蒂越绿越新鲜，果壳有弹性，轻压后迅速恢复。两个大小相近的，分量重的水分更多，更新鲜。

山竹壳染色能力较强，方便进行简单的草木染。将山竹壳放进沸水中煮出颜色，滤掉壳渣后将白色的棉布放入浸煮，然后晾干，就会得到一份色彩温柔的淡粉色布料。如果是在吃山竹过程中不小心将汁液滴落在衣服上，可以在污渍处蘸上食盐，反复揉搓，就能将污渍清洗干净。

其莽吉柿如石榴样，
皮内如橘囊样，
有白肉四块，
味甜酸，甚可食。
——《瀛涯胜览》明·马欢

最佳赏味期
大暑

分类
金虎尾目藤黄科

原产地
印度尼西亚

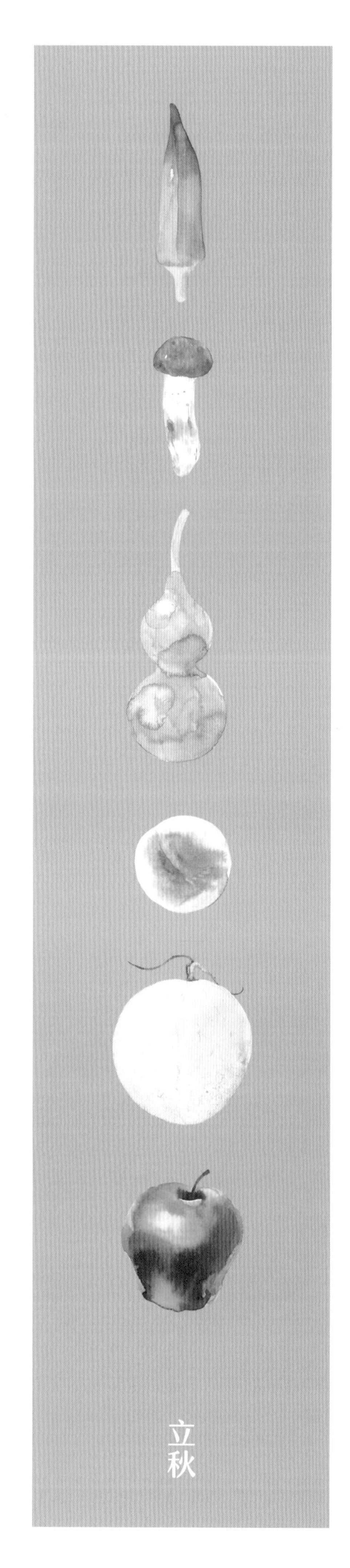
立秋

处暑

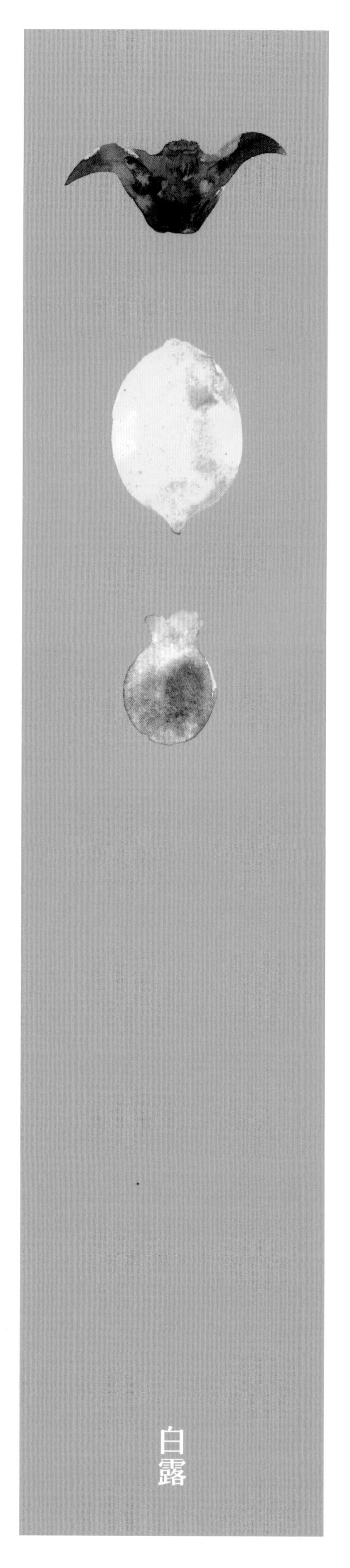
白露

秋分

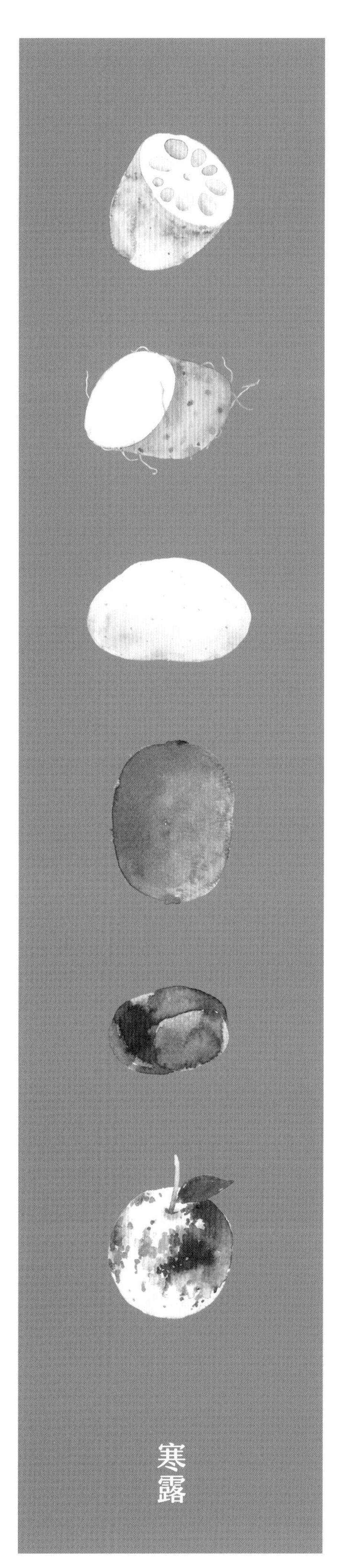
寒露

霜降

秋葵

讲究新鲜的『滑肠』好手

毛糙的外表，一口咬下去口感嫩脆，然后就感到里面滑溜溜的一团，这大概是大部分人第一次吃秋葵时候的感受。对于绝大多数人来说，秋葵是新鲜的，它进入我们餐桌上的时间尚短。

记录秋葵的文字最早出现在公元 1216 年的埃及，随后以埃及为起点，秋葵向世界各地扩散。起初在我国浏阳、萍乡等地有小规模种植，不过直到 20 世纪 90 年代，我国大陆地区才正式从中国台湾地区和日本两地引进秋葵。最初的秋葵多数出口国外，后来开始在中国市场进行销售，我们才逐渐对它熟悉起来。

秋葵是个讲究新鲜的食材。与棉花同科，秋葵同样有着丰富的纤维素，甚至在摘下之后也依旧能合成纤维素，如果放得太久，秋葵就会成为一条嚼不动的“纤维棒”。想要减缓它变硬的步伐，需要将秋葵放置在 9℃左右的温度下保存，温度高了没作用，温度太低又会将它冻伤。

秋葵里滑腻腻的东西是糖聚合体，主要成分是果胶、黏性糖蛋白、维生素 A 和钾。其中黏性糖蛋白是多糖，一种更为熟悉的说法是膳食纤维，它不能被人体吸收消化，因而能刺激我们肠道蠕动。除了富含膳食纤维，秋葵的能量还很低，每 100 克中只含 33 卡路里，是名副其实的“低热高纤”食材。

除了能吃，秋葵还能喝。秋葵又名咖啡黄葵，将它的种子烤熟并磨成粉，用热水泡开，会得到与咖啡有几分相似的“秋葵咖啡”。秋葵咖啡有着类似咖啡的香味，也能起到一定的提神作用，却不含咖啡因，可以作为咖啡的替代饮品。

挑菜

新鲜的秋葵，表面都会长有一层小茸毛。成熟后为青黄色，青色占比多的会更嫩。长度最好在 10 厘米以下。表面软硬度适中，外形直挺，饱满。

最佳赏味期
立秋

分类
锦葵目锦葵科

原产地
非洲

松茸

挑剔的小蘑菇

人类偏爱那些需要争分夺秒去品尝的美味，松茸就是其中一个备受宠爱的食材。从出土到成熟，一般需要 7 天，而摘下之后，松茸只有 48 小时的保鲜期。

松茸是一种真菌，从孢子、菌丝、菌根到子实体，也就是松茸本体，这个过程通常需要 5~6 年的时间。和生长周期相比，松茸的保鲜品尝期短得不值一提，而令它倍显珍贵的，是它特殊的生长过程。

普通的食用菌依靠分解枯枝落叶就能获取营养，而松茸在生长过程中，菌丝必须和特殊树木的根系共生，才能获取足够的生长营养。这类树木包括赤松、偃松和铁杉等，但目前我们仍然不了解松茸菌丝与树木根系之间的具体作用，因而无法进行松茸的人工培植。市面贩卖的松茸都由人工上山采摘而来，数量有限，这也是松茸价格居高不下的原因。

松茸吸引人们的一个重要原因是它新鲜的滋味和特殊的香气。大量的谷氨酸和 5'- 鸟苷酸，让松茸有了作为蘑菇的鲜甜滋味，而它特有的 1- 辛烯 -3- 醇（松茸醇），则使松茸拥有了蘑菇的气味和混合了薰衣草、玫瑰、甘草的特殊香气。

作为一种以鲜味为主的食材，简单的做法更能凸显松茸原始的滋味。轻轻刮掉鲜松茸表面的泥土，将它放在流水下快速清洗，然后用毛巾拭干，用瓷刀将它纵向切片。切片后的松茸可以直接蘸酱油生吃，也可以用猪油、酥油或黄油在锅里煎香食用。

松茸的 A、B、C、D 等级

鲜松茸在国际市场上分为 48 个等级，在国内市场分为 A、B、C、D 四个等级：

A 等指的是最嫩的松茸，其菌盖跟菌柄几乎同宽，而 5A 级是鲜松茸的最高标准；
B 等指的是尚未开伞的松茸，其菌盖略大于菌柄；
C 等指的是已经开伞的松茸，其孢子已经弹出；
D 等指的是个体小、已经开伞、菌盖开裂的松茸，此种松茸品质最差，价格也最为便宜。

除此之外，长度也是辨别松茸品质的标准，长度在 12cm 以上的松茸品质最好，长度在 7~9cm 的最为常见，长度 7cm 以下的品质较次。

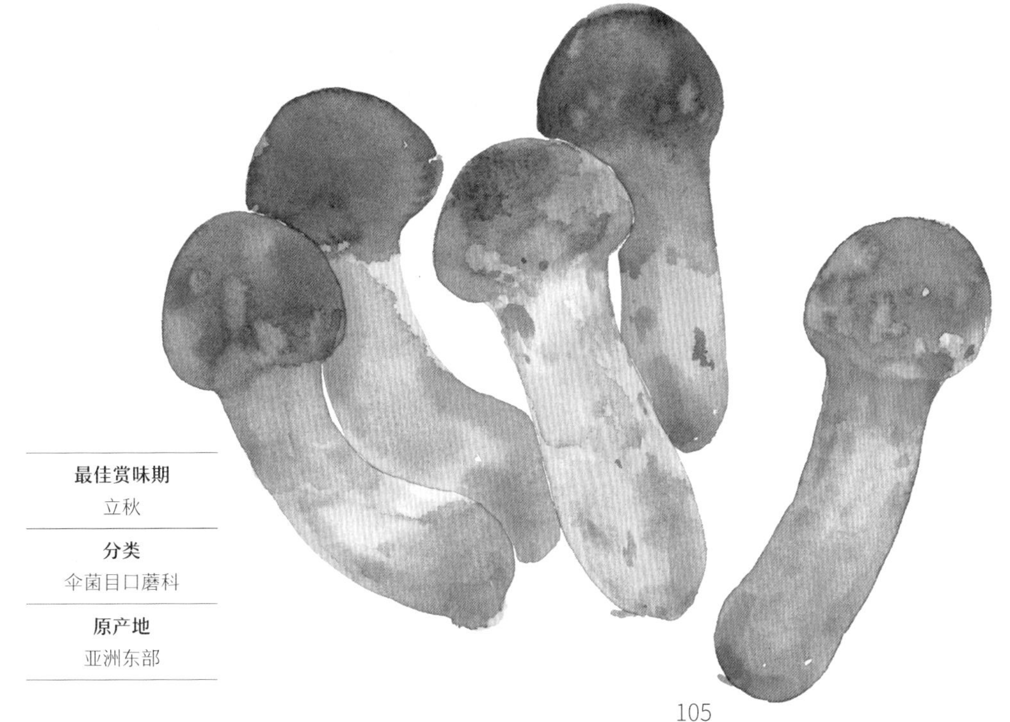

最佳赏味期
立秋

分类
伞菌目口蘑科

原产地
亚洲东部

葫芦瓜

『妖精，快还我爷爷，快还我爷爷！』

面对妖精，葫芦娃大声吆喝着“快还我爷爷！”七个用葫芦籽种出来的葫芦娃个个身怀绝技，他们智勇兼备，最后救出了爷爷，镇压住妖精。这部20世纪80年代的神怪动画片给了当时的孩子们许多想象，其中葫芦娃们魔性的笑声至今依然能把观众逗乐。

跟七娃的宝葫芦一样拥有法力的，还有《西游记》里太上老君炼丹的紫金红葫芦，只要持壶人叫出对方名字，对方一旦应答，就会被马上吸入葫芦里。若再贴上“太上老君急急如律令奉敕”的帖子，葫芦里的东西便随即化成“稀汁”。

这种强大的“收纳”功能来自葫芦自身的结构，晾干后，圆形的空腔能装下好多东西，同时木质化的植物纤维能防水、防高温，还比一般容器透气。这样的植物自然就成为了人们喜爱的容器，由此延伸出乐器、酒瓶、法器以及奇幻的文学作品也不足为奇了。

然而并不是所有葫芦都有细腰，同一棵树可以长出多种形状的葫芦，长条形的适合用来吃，肚子大、脖子短的适合做成水瓢，有腰的葫芦比较适合拿来玩。

自制葫芦是一件有趣的事，《诗经·豳风·七月》中有“七月食瓜，八月断壶”说法，八月是葫芦成熟的季节，选择一个喜欢的形状，然后挂在干燥的地方等它慢慢风干。几个月之后，里面的种子能摇响，果皮完全木质化，这时一个壶就做好了。只要在壶嘴的地方开个小口，就可以像古人一样喝酒、装药。若不稀罕整个壶，制作前就可以把葫芦对半破开，去掉瓜子和瓤，风干后就能得到两个盛水的瓢。

挑葫芦

若是拿来玩弄，挑选皮硬、形状好的葫芦；吃的话，选择表皮嫩绿、形状匀称的葫芦，圆肚子的葫芦瓜瓤较多，肉少。

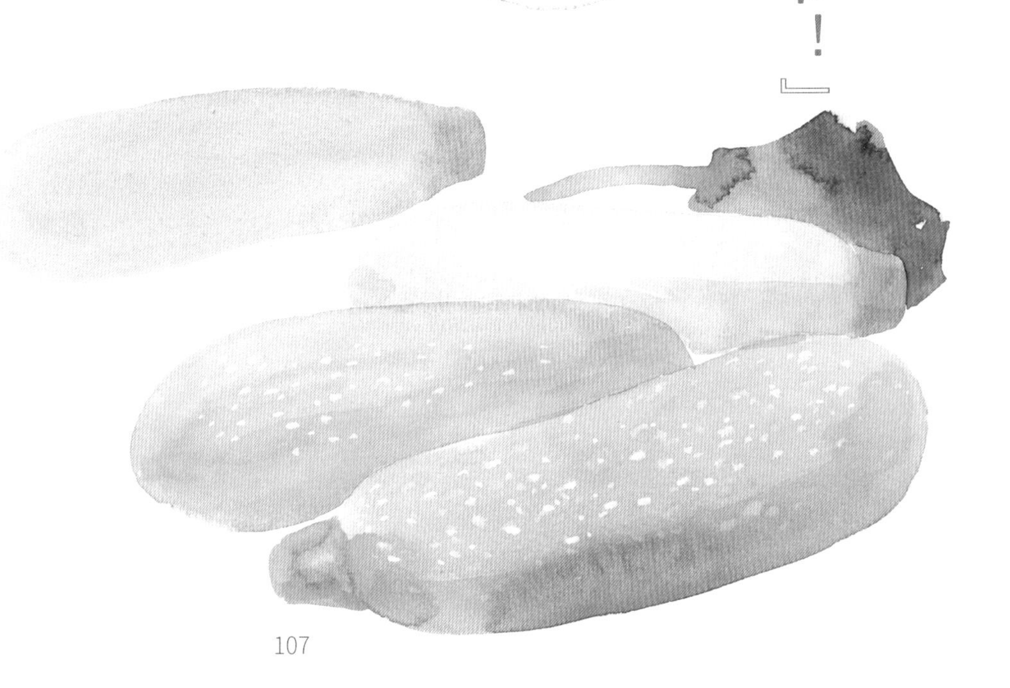

最佳赏味期
立秋

分类
葫芦目葫芦科

原产地
亚洲东部

水蜜桃

孙悟空大闹蟠桃会

“水蜜桃，熟时吸食，味如甘露，生津涤热，洵是仙桃。”这句话来自清朝王士雄的养生食疗书《随息居饮食谱》，成熟的水蜜桃柔润多汁，汁如甘露，生津、清心，说它是仙果一点也不夸张。

桃来自中国，经由丝绸之路传到世界各地。桃在中国文化中有着神圣的地位，相传西王母在昆仑山上种了蟠桃，三千年才结一次果实，是长寿的灵物。每年农历三月初三西王母会在蟠桃宫设宴，请来各路神仙，品尝蟠桃。《西游记》中也讲述了这个故事，正在看守蟠桃园的孙悟空没有受到邀请，一怒之下偷吃了蟠桃还捣乱了蟠桃会。可见蟠桃的诱惑力非同小可。

水蜜桃子果皮有短茸毛，捧在手里手感柔软，让人特别怜惜。这层来自桃子表皮的特化细胞，是桃子自我保护的一个措施，除了能够拦下对茸毛过敏的动物外，还能挡住剧烈的阳光，避免雨水积存。

吃脆桃的时候，果皮可以连着吃，但一般会去掉茸毛。要是像孙悟空那样将桃子往身上蹭，得把桃子蹭得光亮，去掉全部茸毛才行。一般情况可以用盐水搓洗，或者直接削皮。

近年，桃子树上分泌的树脂“桃胶”作为甜品材料而被大众熟知，泡软之后，桃胶的多糖类物质吸水变成黏稠有弹性的胶状物，和黑糖、雪耳等材料一起炖煮，口感柔韧、绵滑。

挑桃

软硬度适中，全身发红，带有明显的细微茸毛，从蒂头到顶部的缝合线不会太明显的桃子，果实发育得就越完全，品质也更好。

最佳赏味期
立秋

分类
蔷薇目蔷薇科

原产地
中国

哈密瓜

『厚脸皮』的大甜瓜

哈密瓜是甜瓜的一个变种，同属于甜瓜变种的还有我们熟知的香瓜、白兰瓜。后两者维持了甜瓜“细皮嫩肉”的外表，而哈密瓜则一路摸爬打滚，成为了一个“皮糙肉厚”的大甜瓜，唯一不变的是甜瓜家族都拥有的甜蜜滋味。

哈密瓜比各种甜瓜亲属多了一些粗糙突起的纹路，这和它变厚的外皮有关。表皮细胞的细胞壁增厚，增加了哈密瓜外表皮的厚度，同时也令它的表皮变硬、延展性变差。在果实快速膨大的过程中，坚硬的表皮未能及时随着果实及时增大，于是逐渐被膨大的瓜体撑开，形成细小的裂纹；而内果皮延展性较强，维持了瓜体的形态，并从内向外进行栓质化增生，愈合了外表破裂的部分，从而形成了哈密瓜表面的纹路。

众所周知，新疆种植的哈密瓜更甜，这得益于当地得天独厚的地理环境。深居内陆的新疆昼夜温差大，且日照时间长、强度大，这是瓜果积累糖分的最佳生长条件。白天长时间的强烈光照，使哈密瓜通过光合作用积累了大量糖分，而晚上的低温则抑制了它的呼吸作用，减少了它对有机物的消耗。日复一日，最终哈密瓜糖分的积累远大于所消耗的，味道因此格外鲜甜。

甜蜜的新疆哈密瓜在古籍中早有记录，清代的《新疆回部志》记载：“自康熙初，哈密投诚，此瓜始入贡，谓之哈密瓜。”即康熙初年，新疆的哈密地区向清朝诚服，把当地产的一种瓜进贡，这种瓜果大味甜，深得康熙帝的喜爱，于是将它命名为“哈密瓜”。

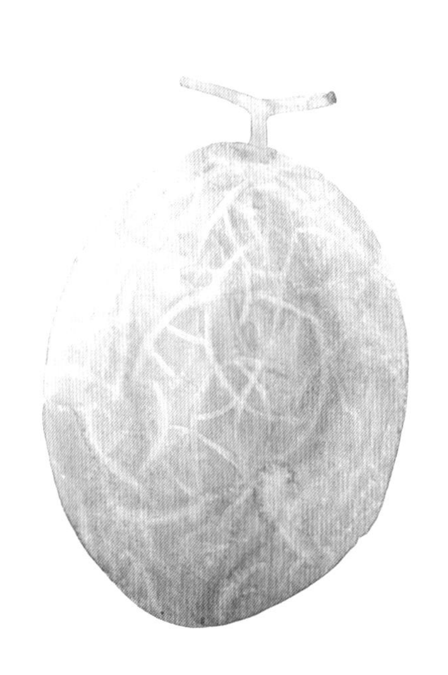

挑瓜

瓜藤是绿色的就很新鲜。瓜身青灰色，纹路多而深，外表厚重，硬度坚实微软的瓜成熟度正好，味道清甜可口。

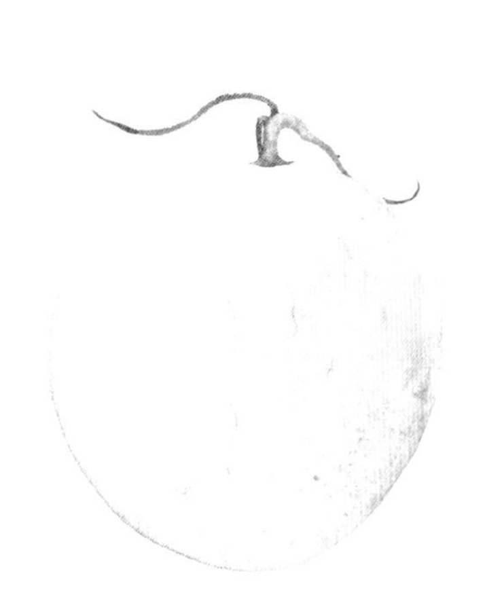

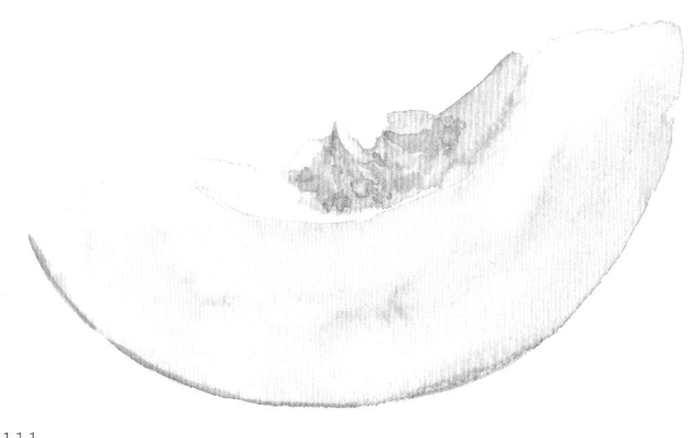

最佳赏味期
立秋

分类
葫芦目葫芦科

原产地
中国新疆

苹果

一天一种，得吃20年

毫无疑问，生活中的苹果是最“百搭”的水果，它几乎没有任何禁忌，还获得“一天一苹果，医生远离我”的美誉。

相反，在神话和历史中，苹果却是一系列“悲剧”的导火线。众所周知在《旧约圣经》里，夏娃和亚当因吃了禁果（一般认为是苹果）被赶出伊甸园，在希腊神话中，刻着“献给最美的女神”的金苹果直接导致了特洛伊战争的发生。奠定计算机科学和人工智能理论的科学家图灵因性取向受到迫害，巧合地吃了有毒的苹果自尽。此外，还有一位是发现苹果起源秘密的俄国学者瓦维洛夫，也因政治迫害死于狱中。

苹果能够在各种故事中成为关键角色，与它的“化石级”历史有关。考古证据证明，在以色列发现的苹果遗迹说明，当地的苹果栽培历史可以追溯到公元前1000年。根据亚洲西部安纳托利亚的苹果化石遗迹，考古学家可以推算苹果在公元前6500年前后已经出现。

现在人们普遍认同瓦维洛夫对苹果起源的研究，他发现中亚的塞威士苹果是栽培苹果的祖先。我国生态学家张新时调查认为，中亚地区的苹果野生种属于第三纪后期的孑遗树种，在远古时期已经存在，距今已有300万年的历史。他同时指出，中亚的塞威士苹果与我国新疆伊犁地区的新疆野苹果是同一个品种。

而后来多位学者进一步利用分子标记和DNA序列分析等技术对苹果进行分析，确认了新疆野苹果是最初栽培苹果的直接亲本之一，即现代苹果的祖先。

苹果的基因扩散是势不可挡的。由于苹果属于异花授粉果树，相近距离内，一般需要两棵相同花期的苹果树才能成功受粉，但得到种子往往会显现出新的性状。经过无数次不同品种的杂交，至今选育出的苹果品种已超过7500种，全球年产量七千多万吨，果皮颜色涵盖红、黄、绿的各种渐变色。按照这个规模，全球平均每人每年需要吃10公斤，一天吃一种，需用时20年。

目前最长的苹果皮

如果你也有“削苹果皮不能断”的强迫症，不如看看这位美国姑娘创造的纪录。1976年，16岁的凯西（Kathy Wafler Madison）一手拿着一只567克的苹果，一手握紧小刀，在11个半小时里，削出了一条52.52米的果皮，这个纪录至今仍在吉尼斯世界纪录榜单上占有一席。

挑果

苹果并非颜色越红越好吃，果脐深大、带有果斑的苹果更清甜；闻一闻，新鲜的苹果散发清香，若是味道过于浓郁，则可能过熟，不宜久放。

最佳赏味期
立秋

分类
蔷薇目蔷薇科

原产地
亚洲中部

马蹄

根茎家族中的爽脆口感

南方的市场里有这么一个小摊，摊上摆放着一堆沾了泥土的马蹄，摊主在一旁熟练地将它清洗削皮，一个个白白的果子就在小盆中越垒越高。闽广地区称之为马蹄，在不同地方，它还被叫做荸荠或蒲青。

马蹄是一种莎草科水生植物。古埃及著名的莎草纸由和马蹄同科的“纸莎草”的茎秆制作而成，马蹄植株和纸莎草也有几分相似。同样长而挺拔的绿色茎秆露出水面，茎秆的横截面都呈三角形，不过埋在泥土下的马蹄球茎膨大，成了我们平常吃到的小果子。

根茎类的食物淀粉含量都很高，马蹄也不例外。每 100 克马蹄中含有 73% 的水分，剩下的有 90% 是碳水化合物，其中淀粉占了大多数。因此马蹄常被做成马蹄粉，用来制作各类糕点，或者加入到汤汁中，使汤汁变浓稠。

高淀粉含量并没有让马蹄像其他根茎食材，如芋头、番薯那样口感软糯。生吃的马蹄是清甜爽脆的，即使将它煮熟，也依然保持着脆脆的口感，这是阿魏酸的功劳。马蹄中含有的阿魏酸在高温中保护着马蹄细胞的细胞壁，使细胞中的淀粉不发生糊化作用。

爽脆的口感使马蹄无论熟吃、生吃都很受欢迎。在肉馅中拌入切丁的马蹄，可以降低肉类的肥腻感，令肉菜变得清爽。生吃马蹄时，则要将马蹄上的芽眼和表皮清洗干净，去掉马蹄在水中生长时可能附着在外皮上的虫卵，然后再削皮。

挑果 颜色较深的紫红色，质地偏硬，表面没有皱纹和破损口的马蹄新鲜、品质好，口感爽脆。

最佳赏味期
处暑

分类
禾本目莎草科

原产地
印度

葡萄

与酒绑定的一生

说起葡萄从哪里来，大家第一时间想到大概是“葡萄由丝绸之路传入中国”，这话既对也不对。

从分类上讲，葡萄是葡萄属植物的通称。我国古代人民很早就开始采食野生葡萄，《诗·王风·葛藟》写道：“绵绵葛藟，在河之浒。”其中的“葛藟”就是野生葡萄中的葛藟葡萄（Vitis flexuosa）。不过我们通常所说的葡萄是上面提到的“从丝绸之路传入”的欧亚葡萄（Vitis vinifera），又称为酿酒葡萄，如今鲜食和酿酒的葡萄大部分来自于它。

葡萄是一种很适合酿酒的水果。它的水分和糖分适中，其中含有的大量葡萄糖能被酵母直接利用，铺满白霜的表皮上还附着酿酒酵母。只要将葡萄挤压破碎，封存一段时间，里面的葡萄糖就会转化为酒精。

考古发现，葡萄酒的酿制最早可以追溯到公元前6000年以前。直到西汉时期，葡萄才从西域传入中国，与之同来的还有酿造葡萄酒的技术。《史记·大宛列传》写下了西域古国大宛酿葡萄酒的记录：“宛左右以蒲桃为酒，富人藏酒至万余石、久者数十年不败。”其中“蒲桃”是葡萄的古称。

到了唐代，葡萄酒已经成为人们生活中常见的食品。从王翰的《凉州词》“葡萄美酒夜光杯，欲饮琵琶马上催”到李白的《对酒》“蒲萄酒，金叵罗，吴姬十五细马驮”，浩瀚的唐诗中留下了不少吟诵葡萄酒的诗句，这体现了当时人们对它的极度喜爱。

时至今日，中国已经成为葡萄产量第一的国家，不过我们更多的是食用鲜果，不再像唐朝人们那样为葡萄酒如痴如醉。

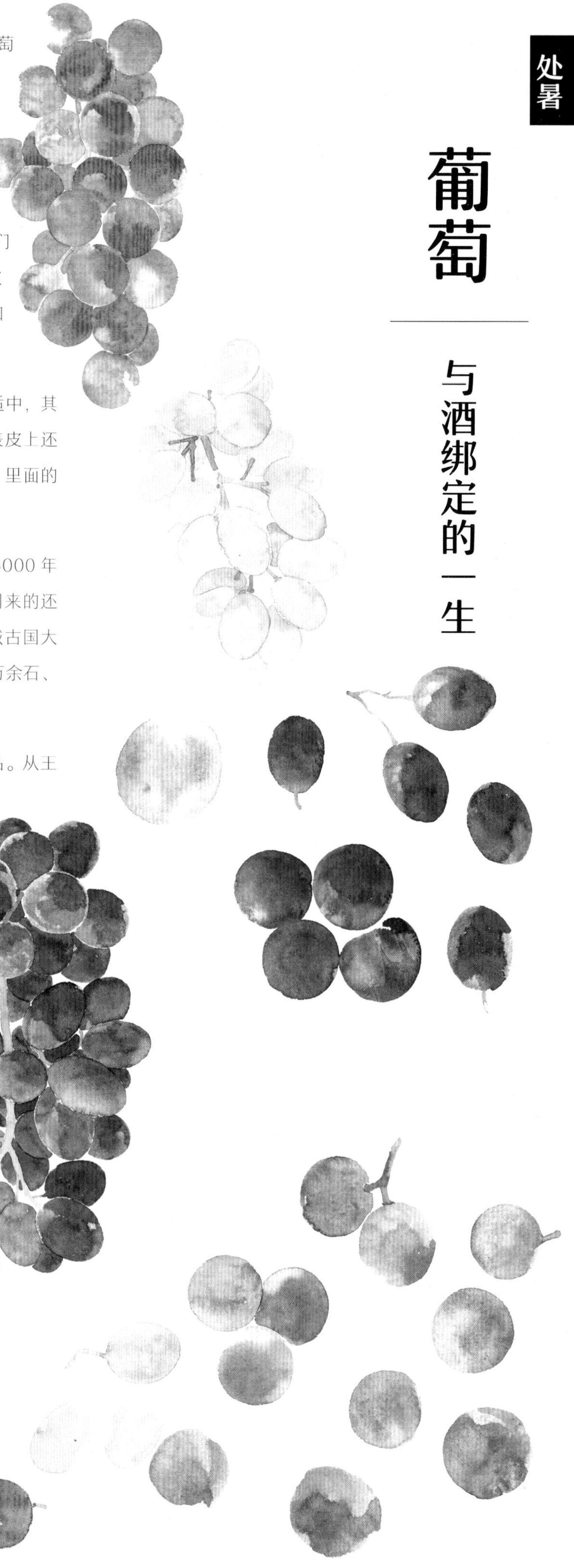

挑果 穗梗新鲜，果粒表面果粉保持完整。果穗完整，果粒大小匀称，松紧适度。色彩鲜艳、均匀。

最佳赏味期
处暑

分类
葡萄目葡萄科

原产地
亚洲西南部、欧洲东南部

石榴

抛不开的石榴宝宝

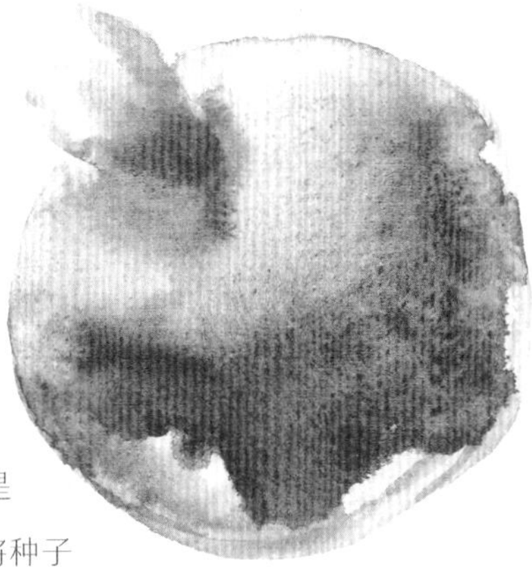

破开石榴，里面挤满了鲜艳又晶莹剔透的果肉，看着热闹又好看。果肉甜美，吃起来却有些麻烦，咬进一大口肉后还要费心思将果籽一颗颗吐出来。

石榴的果肉实际上是种子的外种皮，它用鲜甜多汁的肉质包裹着里面硬化的内种皮和种子，如果将石榴处理成无籽的，它的外种皮也将无处生长。无籽石榴不可能实现，但是我们可以考虑将种子吞进肚子。有一种“软籽石榴”，种子内种皮是软的，不像普通石榴那样硌牙，吃果肉的时候可以将种子一起嚼烂吞吃，这样也算省掉一件麻烦事。

因为多籽和颜色艳丽，石榴的含义总是很美好。在希腊，石榴是繁荣和生育的象征，希腊人习惯在家中摆放石榴，家居店中随处可见石榴装饰。而在中国，石榴象征着多子多福，古时民间盛行给新婚夫妻送石榴，或者贴上“榴开百子”的吉祥画。《北齐书·魏收传》记载了高延宗新婚时收到母亲送的石榴，“石榴房中多子，王新婚，妃母欲子孙众多”。

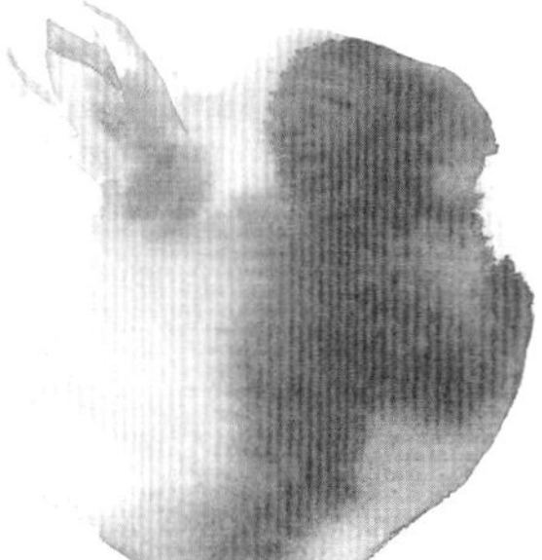

古代女子尤爱石榴花艳丽的红色，并由此衍生出石榴裙。石榴裙艳如石榴花，不染杂色，女子穿上更显得娇艳动人，在唐代特别受追捧。据说杨贵妃极爱石榴裙，在一次宴会上穿着石榴裙出席，唐玄宗命众臣向她跪拜行礼，就有了后来“拜倒在石榴裙下”一说。

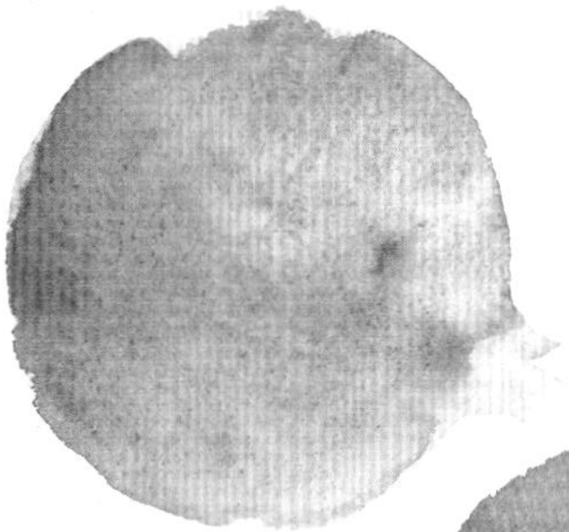

挑果 外形方方的有棱有角，红黄相间，表皮光亮，底部的裂口呈菊花状，这样的石榴果实成熟，吃起来又香又甜。

最佳赏味期
处暑

分类
桃金娘目千屈菜科

原产地
巴尔干半岛、伊朗

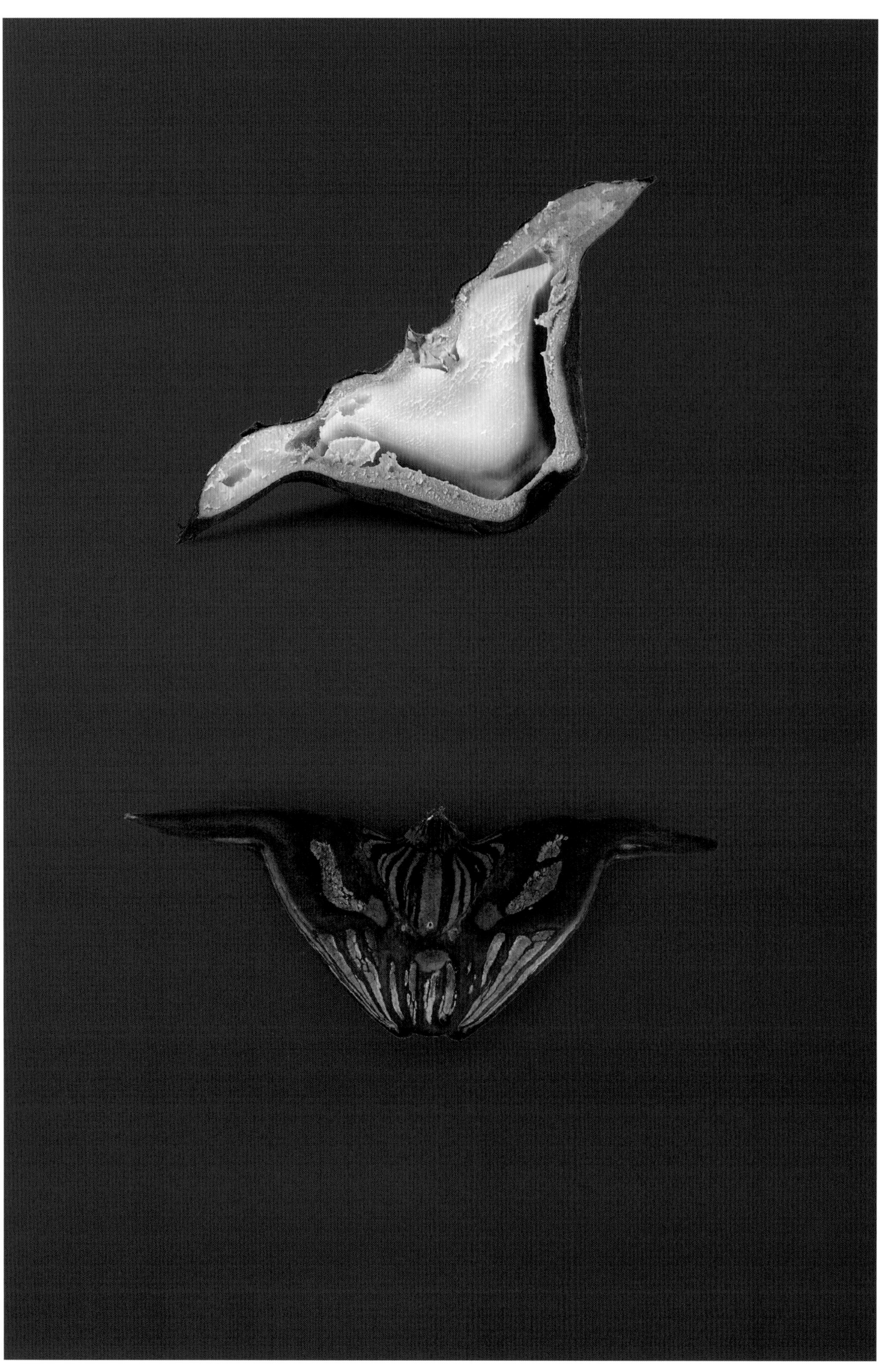

菱角

湖上绿萍，水下紫菱

“我们俩划着船儿采红菱呀，采红菱”，这首20世纪七八十年代的流行曲《采红菱》改自江苏民歌，歌曲描写的是当地秋季常见的采菱场景。

采菱是江南地区的古老传统。每到菱角成熟的季节，当地女子就会坐在船或木盆中，朝湖面菱叶聚集的地方划去，然后拨开密密的菱叶去采摘藏在水里的菱角。历朝历代的诗人留下了许多描写这个场景的《采菱曲》，唐代刘禹锡写道：“白马湖平秋日光，紫菱如锦彩鸾翔。荡舟游女满中央，采菱不顾马上郎。”宋代曹勋则写道：“吴姬年十五，乘舟泛绿池。菱花着宝靥，皓腕发斜晖。”

菱角中的“菱”，本意指菱角这种水生植物，而“菱形”最初是因和菱叶片有相似的形状而得名。四边形的菱叶片平摊在水面，菱角总是躲在水下，只有拎起叶片，才能知道菱角长在哪里。菱角有青、红、紫三种颜色，常见的大多长成牛角的样子，那些角是果实发育中花朵萼片膨大形成的刺，花萼一共有四片，根据发育的情况还会有三角、四角和无角的菱角。

菱角富含淀粉、蛋白质和葡萄糖，是补充能量的良好食材。在德国南部的考古发现，公元前1000年以前当地人以菱角为食；在我国古代，菱角也是一种重要的粮食，并在《周礼》中被定为皇家祭祀的贡品。

随着人类餐桌食物的日渐丰富，菱角已经不复从前的重要地位。拿起一个牛角样的“玩具”摆弄，玩够了再咬开吃里面生脆或熟糯的白肉，如今的菱角更多是以这样的形式存在于南方小孩童年的记忆里。

最佳赏味期
白露

分类
桃金娘目菱科

原产地
欧洲温带、亚洲温带

挑菱角

绿皮的菱角较为鲜嫩，可用于鲜食，煮食后也较为可口而且很好剥壳，老菱外壳较硬，煮食后不容易剥壳，但淀粉含量高，口味更为浓郁。将菱角放于水中，浮在水上的是嫩的。沉在下面的是老的。若没有水，可用指甲掐，外壳相对嫩的是鲜菱，外壳硬的是老菱。

需要注意的是如果闻到放菱角的水中有臭味，那么说明这些菱角已经开始变质，不要购买。

柠檬

柠檬酸说，该它当主角了

如果要为“酸”味找一个代言水果，柠檬无疑是最适合的。不过恐怕很少人会真的把柠檬当成普通水果一样大口吃喝，通常只会把它做成水果茶或是菜肴的配料。

作为现代健康水果的代表，柠檬最初并不被重视。在10世纪，柠檬的名字第一次出现在文献中；到了15世纪，柠檬才跟着哥伦布的船队走出了亚欧大陆。随着大航海时代的到来，不少水手在远航中患上坏血病而死亡，直到18世纪，柠檬被发现能治疗坏血病，从此声名大噪。

后来的医学证明，坏血病是由于维生素C的缺乏。维生素C是胶原蛋白的重要组成物质，缺乏它会导致人体胶原蛋白崩塌，血管的易脆性增加等不良后果，但摄取过多也会出现中毒现象，中国营养学会建议成人每日维生素C摄入量为100毫克。经此一事，维生素C成了柠檬的“代言人”，不少人认为柠檬越酸就是维生素C含量越多的标志。

事实上柠檬的酸味和维生素C的含量无关，酸味的主角是柠檬酸。柠檬酸广泛存在于动植物体内，是在生物代谢中起重要作用的一种中强度有机酸。它在柑橘类的水果中含量较高，一杯新鲜榨出的柠檬汁中柠檬酸的含量为48克/升，作为天然的酸味物质，它常被添加在各种饮料中。

高含量的柠檬酸，使柠檬多了不少生活用途。将柠檬、白醋和水混合可以作为清洁剂，清洗砧板或金属；用柠檬汁加上小苏打，则可以当作漂白剂；在窗户边撒上一些柠檬汁，还能起到驱虫的作用。

挑果

成熟的好柠檬颜色鲜黄，表皮紧绷、亮丽，果形椭圆，两端均凸起而稍尖，似橄榄球状，同时气味芳香。而蒂的下方呈绿色的柠檬很新鲜。皮绿的柠檬一般没有被洒过保鲜剂，所以绿的比黄的保存时间更长些。但人们选柠檬时比较“中意”挑选黄色的，以为黄色好看又好吃。其实，挑选黄色的柠檬最好尽快吃，否则还是选绿的好。

最佳赏味期
白露

分类
无患子目芸香科

原产地
印度

稔子

这等美味，被黄蜂蜇也值得

敏锐的目光在灌木丛中快速搜寻，眼珠一转，突然发现一颗乌亮的稔子，小孩下意识地伸出手，结果树比人高，没够着。扯着树枝慢慢把叶子拉下来，摘到稔子那一刻得意忘形，一松手树枝大力弹回去，惊动了在树杈安家的黄蜂。不一会儿，小孩的脸肿了一个大包。

传说中白露这一天，山上的稔子一天熟三次。光着脚丫的孩子不辞劳苦爬上山坡，即使被黄蜂蜇，也心甘情愿，最后把半熟的红色果子也摘了回家。这种存在于山野的美味，一年只成熟一次，摘稔子无疑成了许多人童年夏天里最刺激的冒险。

摘完野果，大孩子边吮吸果肉，边给小孩子出谜语：“一个砂锅五只耳，里面有汁，炖着姜丝和芝麻，猜一种果子。”无意间，馋嘴的孩子说出了稔子的果实结构。稔子的正名叫桃金娘，是一种野浆果，生长在东南亚和我国南部的灌丛中。五只耳朵是宿存的花萼，中间的“姜丝”是稔子的中轴胎座，“芝麻”则是稔子坚硬的种子，散布在深紫色的果肉中。成熟的稔子皮肉容易分离，用嘴一吸，整个“锅里”的料一同被吞进肚子里。

吃完稔子往往是一阵大笑，因为每个人的嘴唇、舌头和手指尖都变成了紫黑色，短时间内也洗不掉。这其实是水溶性花青素的杰作，边吃边染，越染越深色。稔子含有好几种花青素，含量高，着色能力和抗氧化能力强。而让孩子们不停口的是稔子的美味，极甜的滋味来自多糖、氨基酸和黄酮类物质，香气则由酚类和萜类化合物提供。

隐藏在矮树丛里，好吃成了稔子在荒野中必备的生存手段。通过小鸟和昆虫的粪便，山里每年还会长出新的稔子树。夏末初秋，又该是孩子们上山冒险的好时机。

稔子民谣

六月六，稔子逐粒熟。
七月七，稔子乌滴滴。
八月八，稔子满大沓。
九月九，稔子甜过酒。
十月朝，稔子做柴烧。

挑果

根据颜色和手感判断稔子的成熟程度。从生到熟，稔子依次经历绿色、红色、紫红、紫色和紫黑色的颜色变化，成熟时表皮泛着光泽；两只手指轻捏，皮薄、充满弹性的稔子更成熟。

最佳赏味期
白露
分类
桃金娘目桃金娘科
原产地
中国

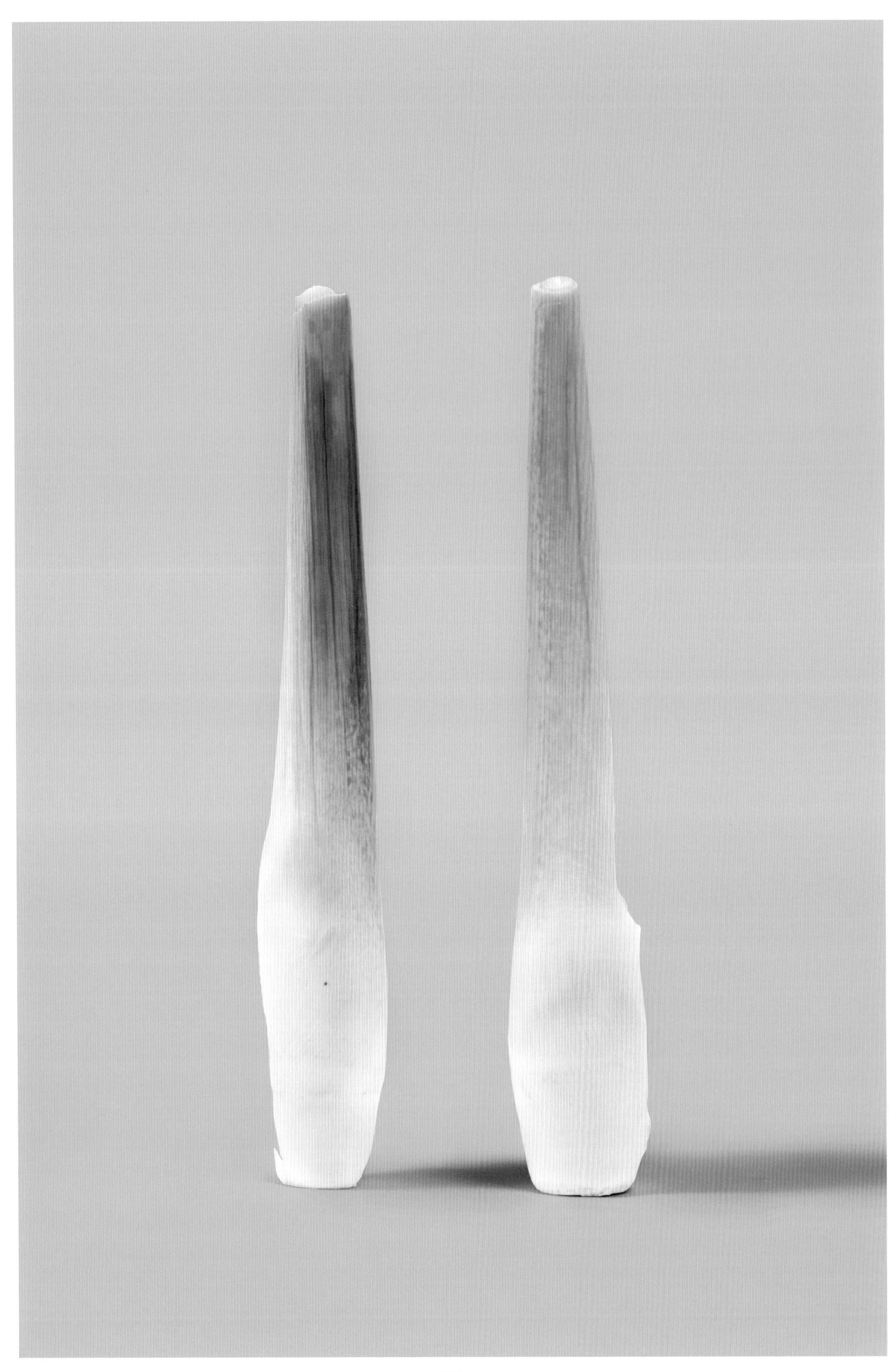

茭白

不小心暴露真实身份

买回来的是一根白白胖胖的茭白，切开后却有可能发现里面布满黑点，和外表反差极大。如果你买到了这样的茭白，不要担心，因为茭白可能比你更慌张，这些黑点不小心暴露了它的真实身份。

茭白是一种被真菌感染而长成的食物，肉质里的黑色斑点是真菌成熟的孢子。感染茭白的真菌是菰黑粉菌，它寄生在茭白植株上，分泌出生长素吲哚乙酸，导致植株不能开花结果，并促使茎秆的薄壁组织异常地增生膨大，长成柔软洁白的茭白。出现了黑点的茭白表明肉质较老，口感会不如没有黑点的茭白那么鲜嫩。

不是所有被感染的植株都能长成美味的茭白。如果植株内的黑粉菌繁殖过旺，茭白茎内就会充满黑色的孢子，口感尽失，这样的茭白称为灰茭；如果植株抗病能力很强，黑粉菌就无法侵入植株，也就不能长出茭白，这样的植株被称为雄茭。

茭白的植株叫做“菰”，是一种亚洲野生稻。正常情况下的菰会结出种子“菰米”，又称雕胡，在《周礼》中与稻、黍、稷、粱、麦并称为“六谷”。因为产量不高，菰米在我国一直被当作珍贵的粮食，杜甫有诗赞曰：“滑忆雕胡饭，香闻锦带羹。”到了宋朝，茭白接替了菰米作为菰的产物出现在大众的视野中。

中国人尤其喜爱这个意外得来的食材，并一直将它作为蔬菜种植。而在美国，为了避免原产的北美野生稻被真菌感染，茭白甚至被列为禁止进口的食物。

挑菜

外形嫩滑、光亮、饱满，笋身比较直，呈棒槌形，笋皮摸起来很顺滑，颜色以白色为主，身上带有淡淡清香。这样的茭白新鲜、口感好。

最佳赏味期
秋分

分类
禾本目禾本科

原产地
亚洲东南部地区

番茄

逐渐失真的味道

纵然大家对待番茄的态度已经很熟稔，但是番茄名字中的“番”字还是时刻提醒着人们，它是一个“小洋人”。原产于南美洲，番茄早在16世纪就被带到了欧洲。由于茄科植物大多有毒，加上番茄颜色艳丽，欧洲人最初只将它种来观赏。

后来逐渐认识到番茄的美味，各国人们就疯狂地爱上这个酸甜的大浆果，番茄也不负众望，它几乎无所不能。意大利人将番茄和肉糜混合，做成他们最爱吃的番茄肉酱意大利面；墨西哥人则把番茄切丁，和洋葱、青柠、青椒一起拌成清爽的番茄莎莎；泰国人把番茄和蛤蜊、虾、辣椒等一起煮成酸辣的冬阴功汤；而在中国，则有番茄打卤面、番茄牛腩等各种菜式。

番茄得到了人类的宠爱，还引来了人类对它的改造。野生番茄中有毒的番茄碱含量较高，在驯化过程中，番茄碱的含量逐渐降低，这使我们能吃上美味的番茄。不过，在长久的商品化种植中，栽种者更青睐一些外表好看、果实坚硬不易坏的番茄，这种有意识的选择使得番茄的原始风味有所下降。

生命科学期刊《细胞》发表的一篇论文表示，调控番茄风味的基因已经被发现，这样或许能恢复在培育过程中番茄逐渐失去的味道。不久的将来，也许我们能吃上颜值高、味道更好的番茄。

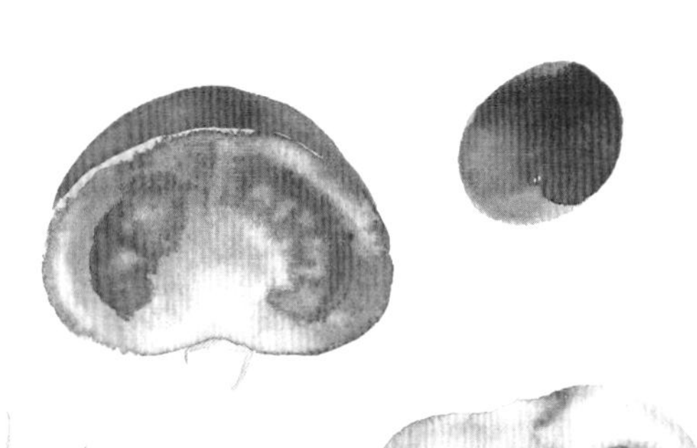

挑果 外形圆润皮薄有弹力，摸上去软硬适中，全身通红，色彩均匀，底部的圆圈越小越好。全青色的番茄因为还没有成熟，含有番茄碱，不宜食用。

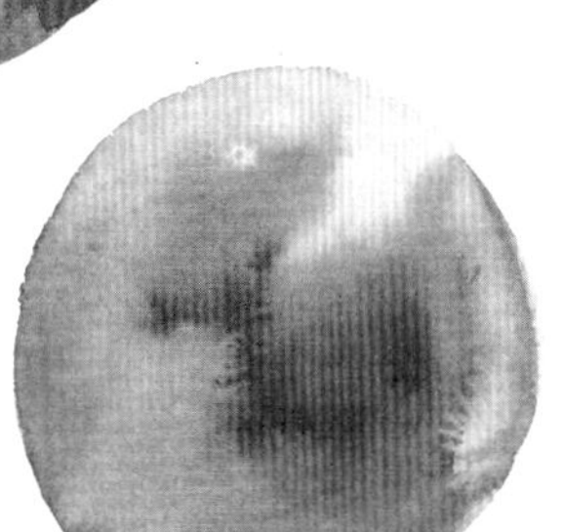

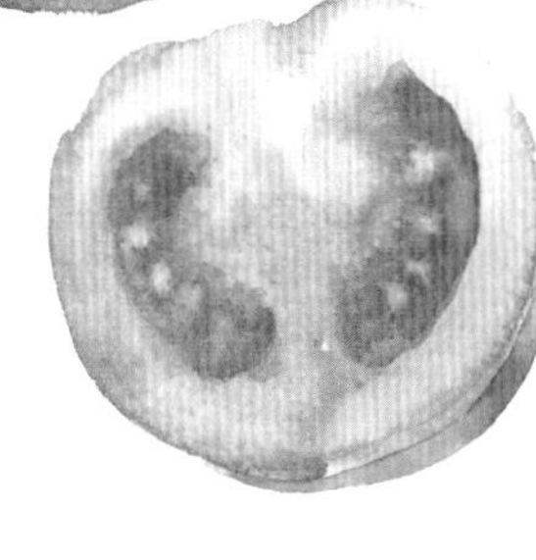

最佳赏味期
秋分
分类
茄目茄科
原产地
南美洲

梨

别让细菌燃起了火

掌心大小，汁水饱满，梨子一整个啃起来再过瘾不过了。中国文化中有“不分梨”的说法，而在西方文化中，梨暗示着基督对人类永久的爱，常常出现在文艺复兴时期的画作里。

画中的梨或立或倒，形态各异，仿佛带有生命。放在再不起眼的位置，画家也总能高度还原它那满布棕色小点的真实模样。这些小点是梨的皮孔，在果实内部和空气之间进行气体交换，充当“呼吸孔”的功用，直到果实成熟，皮孔的色泽会变得暗些。

梨子大大方方邀请氧气进屋坐坐，一不留神，不受欢迎的访客可能就乘虚而入了。火疫病是许多蔷薇科植物的煞星，当这种细菌悄悄钻进嫩芽上的皮孔，花叶最先衰败，到枝条，再到果实和树干，直至根部，整棵树看起来像被大火烧透了，短短几个星期就会失去生命。采取再多的防御措施也难以抵挡这场“由细菌引发的火灾”，最好直接选择栽培抗火疫病的品种。

美味的梨因于土壤，也关乎气候。美国俄勒冈州和华盛顿州为美国提供了 84% 的鲜梨产量，这得益于当地的火山土。肥沃的火山土壤富含矿物质，为梨子提供了生长基础，当附近河床和融雪的水渗入地下，矿物质被根部轻易吸收。各种天然元素的独特组合，造就了当地产出的优质梨子，也让美国成为全球梨生产第三大国。我国新疆库尔勒地区产出的香梨同样不甘示弱，依傍孔雀河两岸肥沃的土壤，更有丰富的日照和昼夜温差大的自然优势，香气独特，汁水饱满的库尔勒香梨得以名震全国。

木材商的心头好

梨木有着诸多讨人喜欢的优点——结构坚硬，不容易破裂和翘曲；不会吸收食物的颜色和气味，经得起多次洗涤；纹理自然，容易加工雕刻。梨木估计是木材商遇到的最满意的硬木之一了，它常被用来制造家具和厨房用具，也是乐器制造的优质原料，比如琵琶和大键琴的“千斤顶”部分。

挑果

看斑点，斑点越小的相对新鲜些；看果脐，越凹越宽会更甜；捏一捏，硬实的多汁脆口，软则可能过熟。

最佳赏味期
秋分
分类
蔷薇目蔷薇科
原产地
南美洲

西柚

拥有『禁果』资格证

西柚的果皮比柚子薄，味道酸酸甜甜又有些苦，更特别的是常见西柚的果肉都是红色或粉色的，这让它在主打黄、橙色系的柑橘家族中成为一个显眼的存在。

作为柑橘属的成员，西柚的来历也不简单，它由柚子和甜橙杂交而来。西柚最早在 1750 年被发现在加勒比海地区的巴巴多斯海岛上，后来被誉为“巴巴多斯的七大奇迹之一”；在弄清楚它的身世之前，西柚被误认为是柚子的一种，并被人称为“禁果”。直到 19 世纪，人们才将它和柚子区分开来，并引入美国开始广泛种植。

现代医学证明，西柚真的有作为“禁果”的资格。部分药物（如降低胆固醇的他汀类药物）在体内需要通过小肠中的 CYP3A4 代谢酶进行代谢，然而西柚中有抑制这种酶的成分，将西柚和这些药物同吃，药物会积累在人体中引发药物过量的问题。还有一部分药物，则需要借助一些运输蛋白，将它运进细胞中起作用，西柚同样能抑制这些蛋白的功能，从而降低这类药物的效果。

只要不在吃药的时候一同进食西柚，这个“禁果”还是很值得一吃的。粉红的果肉中含有番茄红素，有抗氧化作用；还含有柚皮苷，可以促进骨骼生长和加强脂肪代谢，柚皮苷还是西柚那丝苦味的来源。如果怕苦，可以将西柚对半切开，在切面处撒上白糖后放进烤箱中烘烤三分钟，烤焦的白糖覆盖在切面上形成脆脆的一层，令西柚变得焦香甜美。

挑果 果身光泽皮薄、柔软、通体金黄色，用力按压时不易按下去，这样的西柚水分足，口感佳。

最佳赏味期
秋分

分类
无患子目芸香科

原产地
西印度群岛

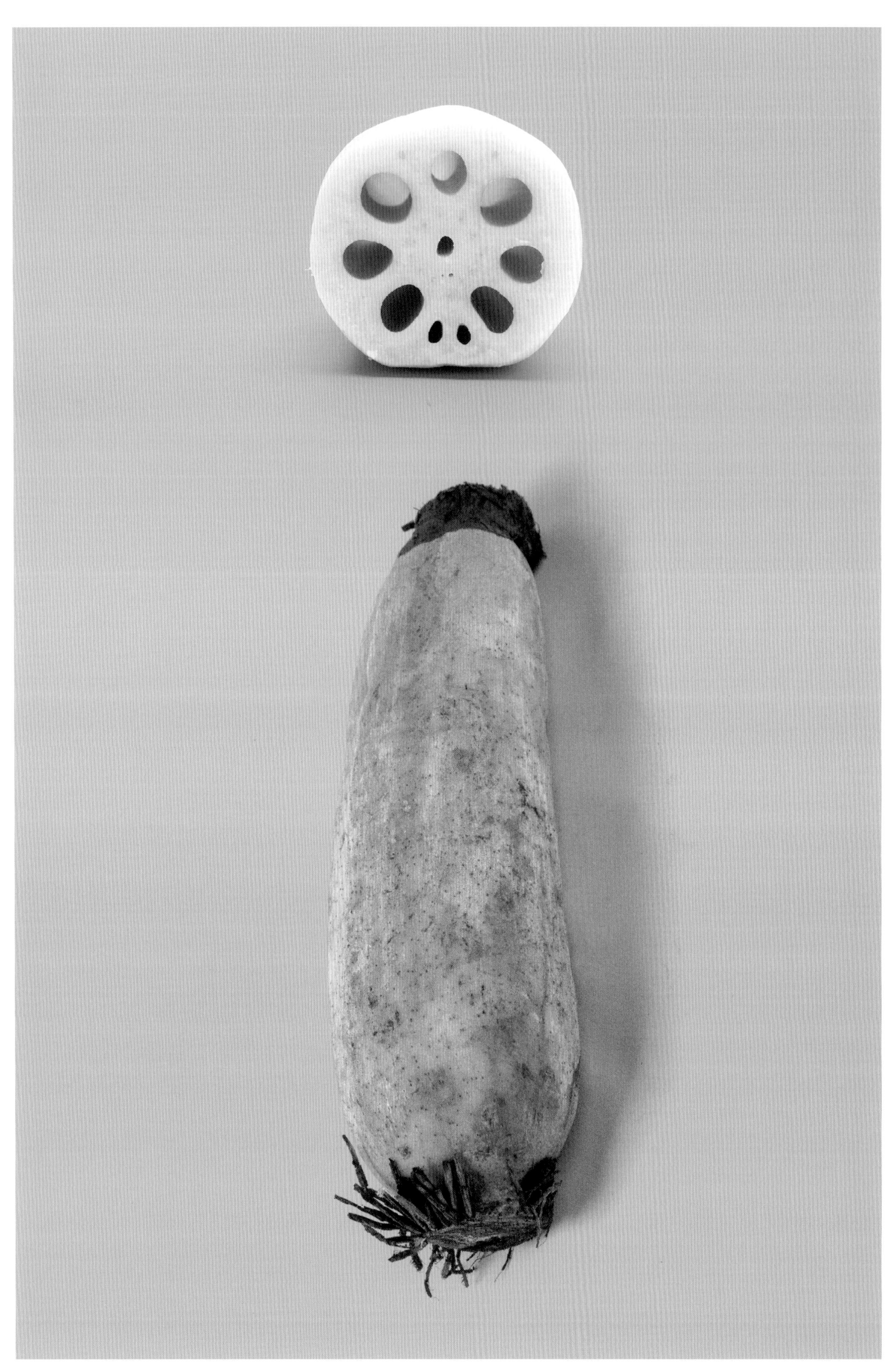

水下生存的特殊技巧

夏日里我们欣赏莲花亭亭玉立，采几片莲叶晒干可以泡茶喝，入秋之后，市场上又能看见一节节胖乎乎的莲藕。不管是凉拌、炒菜还是煲汤，莲藕都各有风味，在爱吃的人看来，它大概就是莲最有价值的部位了。

作为一个匍匐的地下茎，莲藕对于莲来说是扎根生存的必需部位。横切莲藕，里面总是均匀地分布着小孔，这些孔是它的生存所需。深深地埋在淤泥里，莲藕这样膨大的组织需要更多呼吸的空气，于是藕中形成了中空的结构，和叶柄内的孔贯通，形成了一个呼吸通道，由叶片向下传送空气，以满足呼吸需要。

有一种说法“田七塘九”，意思是在田地里种出的藕是七孔的，池塘中出来的藕则是九孔的。七孔的莲藕口感比较软糯，生吃味苦，适宜煲汤慢炖；而九孔的莲藕味道脆甜，生吃、凉拌或者炒菜都很合适。《随息居饮食谱》中也记载莲藕“生食宜鲜嫩，煮食宜壮老，用砂锅桑柴缓火煨极烂，入炼白蜜，收干食之，最补心脾”。

切开莲藕的同时必定有莲藕丝，这由莲藕中螺纹导管的细胞壁形成。叶片往莲藕传输空气，莲藕也需要将它从水中泥里获取的养分传给水上的部分，承担这个工作的就是螺纹导管。当我们把莲藕折断或切开时，螺纹导管的细胞壁仍保持完好，内壁增厚的部分会脱落下来，随着外力被拉扯成丝状，这样的现象同样会出现在莲藕的叶柄和莲蓬中。

挑藕

莲藕外皮没有明显的外伤，颜色呈微黄色，如果发黑或有异味，这样的不能要了。切开一小段，看看莲藕中间的通气孔是否大且比较多汁。藕节数目不会影响品质，较粗而短的藕节成熟度高，口感更好。

最佳赏味期
寒露

分类
山龙眼目莲科

原产地
印度

山药

尽显『麻烦』本质

山药这个名字经常会提醒人们它是一味中药,《神农本草经》中记载:“山药味甘温,补虚羸,除寒热邪气”,不过对一般人而言,和山药碰面最多的地方恐怕还是在市场和餐桌上,而对于山药种植者来说,山药是埋在地里的“小麻烦精”。

山药是个很有钻研精神的植物,生长时会一直往土壤深处“钻”。如果土质坚硬,山药会聪明地绕道,钻往土壤疏松的地方,这样长出来的山药会有些奇形怪状;只有在疏松的土壤中它才会长得笔直修长。于是为了保证山药的外形美观,种植者需要保持土壤疏松的环境。

保证了外形,但是“深钻”精神让山药的收取成为一大难点。不能像土豆、萝卜那样直接拔出,也和在淤泥里摸藕不同,挖山药时需得在边上挖出一条沟,直到看见山药埋在土里的顶端,再将它两侧的土壤挖走,才能取出。

山药作为“小麻烦精”的本质从地里延续到了厨房。削皮时山药会分泌出滑腻腻的黏液,这黏液是山药中的黏蛋白,同时山药皮中还含有大量皂角素,削皮时直接触碰黏液容易导致皮肤发痒过敏,最佳的削山药方法是戴上手套。不过皂角素遇热遇酸都不稳定,如果手上发痒,用温热的水浸泡一下,或是在手上涂上白醋。

一般会将山药煮熟食用,但是也有不少人热衷于生吃。日本料理中常见的“山药饭”,是把山药削皮后磨成泥,直接浇在饭上,黏稠的山药泥带来和米饭截然不同的滑溜凉爽口感。

挑山药

表皮完整而且颜色为土褐色,同时也没有虫子和霉点,这样的山药质量比较好。

表面须根比较密集又多的山药,同一品种的须根越多,吸收的营养也多,营养价值也就越高。

新鲜的山药,它的横切面应呈雪白色,看着比较干净,而且带有黏液。

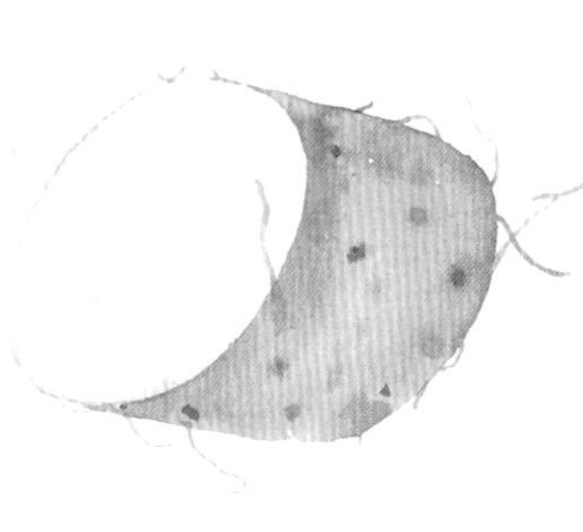

最佳赏味期
寒露

分类
薯蓣目薯蓣科

原产地
中国

土豆

进击的世界第四大粮食

土豆是一种再塑性很强的食物。它可以被切成各种形状出现在菜肴中，也可以整个烘烤后端上餐桌，还能被炸成薯条或薯片，成为风靡全球的零食。同时，土豆还是除稻米、玉米和小麦之外的全球第四大粮食。

在欧洲，许多国家把土豆作为主食，人均年消费量稳定在 50~60 公斤；而在邻国俄罗斯，人均年消费土豆量可达 170 公斤，热爱土豆的俄罗斯人甚至把土豆加进了伏特加的酿制中。

这一切全凭土豆自身的本事。作为主粮，土豆营养丰富，能高效地提供足够的碳水化合物；氨基酸组成与人体所需契合，是优质蛋白的来源；同时土豆脂肪含量仅为 0.1%，热量也比一般谷类粮食要低。相比于传统主食稻米和小麦，土豆种植的需水量更低，对土地要求不高，能适应缺水和土地不肥沃的地区，单位亩产量一般可达 3~4 吨，是水稻的 3~4 倍。

当然最初的时候，土豆并没有那么高的地位。抵达欧洲的时候，土豆和大部分外来的食材一样，是属于贵族的食物。不过土豆寡淡的口味没有得到富人们的喜欢，在很长一段时间里，它的种植量和消费量都不高。直到 19 世纪，欧洲人口暴增，土豆这种易种多得又充饥的食物才被大范围种植，逐渐成为重要的粮食。

土豆在众多国家作为主食而存在，在中国却一直处于蔬菜的行列。不过我国在 2015 年开展了“土豆主食化战略”，推动土豆加工成馒头、面条等粮食，为日常生活提供更多的主食选择。

挑土豆

土豆的果肉分为黄色、白色两种。黄色的肉质比较粉、面，白色的肉质通常比较脆。

皮干的土豆保存的时间更长，越圆的土豆，越好剥皮。

发芽的、表面变绿有黑色类似瘀青的土豆不能吃。

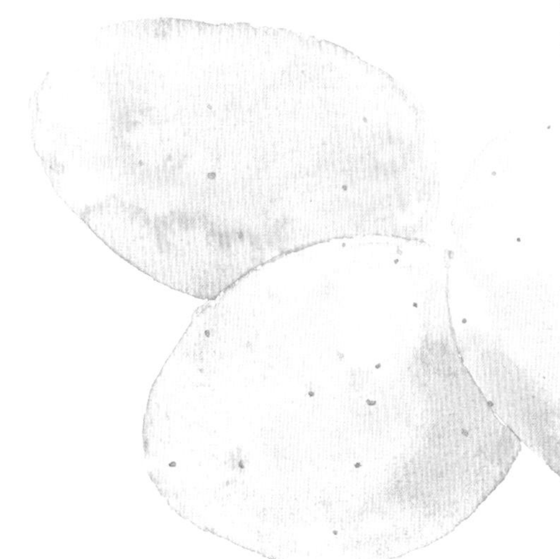

最佳赏味期
寒露
分类
茄目茄科
原产地
南美洲

猕猴桃

出口转内销，身价暴涨

猕猴桃出现在中国市场上不过才十几年，最初占领市场的甚至全是新西兰的品种，不过这些品种最初都起源于中国。在两千多年以前，《诗经》中就有“隰有苌楚，猗难其枝”这样的句子，其中“苌楚”是古代对猕猴桃的称呼。

中国是猕猴桃野生种类最多的国家，不过它们一直扎根山野，少有人理会。只在唐代岑参的诗句“中庭井栏上，一架猕猴桃”中得知，人们会在庭院种植猕猴桃用来观赏。直到 1904 年，一位新西兰女教师将猕猴桃的种子从中国带到新西兰，才给了这个山野小果一个重生的机会。

猕猴桃是雌雄异株的物种，女教师带回去的种子恰好包括了雄株和雌株，于是猕猴桃就此在新西兰定居，并开花结果。这个远走他乡的猕猴桃叫做美味猕猴桃（Actinidia chinensis var. deliciosa），在 20 世纪 30 年代，美味猕猴桃遍布新西兰的果园，通过不断地选育，得到了果大味甜、存储时间较长的品种“海沃德”。新西兰的育种者用他们的国鸟 kiwi 将猕猴桃命名为“kiwifruit”，音译成中文即“奇异果”，并将“海沃德”推向世界各地。

当猕猴桃重新回到中国时已经更名换姓、身价百倍了。我国从 20 世纪 70 年代开始引进新西兰的品种，在 80 年代从野生品种中选育出了黄肉的猕猴桃。目前市场上见到的黄心猕猴桃有两种，一种来自于新西兰，另一种则是我国自主选育的。

黄心猕猴桃的成熟过程中叶绿素被降解，由类胡萝卜素占据了主导，从而显露出黄色的果肉。同理，红心猕猴桃因含有花青素而呈现红色，常见的绿色猕猴桃则由叶绿素主导而呈绿色。

挑果 果头尖尖的，颜色呈土黄色，有光泽的为佳，同时果皮上的毛不容易脱落，果身不要太大，软硬度适中，不要太软。这样的猕猴桃新鲜、酸甜可口。

最佳赏味期
寒露

分类
杜鹃花目猕猴桃科

原产地
中国

板栗

裹上一层刺猬皮

一口大铁锅，锅里填满黑砂和栗子，只见摊主费劲地用铁铲在锅中来回翻炒，不时往地锅里撒上一把糖，这套功夫不知重复了多少次，锅中才慢慢飘出栗子的焦香。深秋时节这样的一份糖炒栗子，是北方独有的温暖和美味。

实际上糖炒栗子中的糖不能渗进板栗的果肉中，栗子的甜度完全由果实本身的含糖量决定。加入糖和黑砂一起翻炒，是为了让糖在熔化后粘去板栗外层的茸毛和杂质，使得板栗外表光亮，并产生一股诱人的香气。

一个栗子就是一个果实，那层带茸毛的壳是果皮，而种子就是果仁。那层壳一咬就破，拿来保护这么重要的种子似乎有些过于单薄，于是在树上的时候，板栗还会被裹上一层刺。这层刺才是它真正的壳，由花朵基部的苞片叶发育成，上面的刺密集又坚硬，徒手去抓会被扎得刺痛。

披着外壳的板栗远远望去就像一个个挂在树上的“刺猬”。每个“刺猬”肚子里一般有三个板栗，两端栗子会长成半球形，中间那颗则被挤成扁扁的样子。等到栗子成熟时，“小刺猬”才会敞开它的肚皮，带着播种的希望让里面的栗子撒落在地。

我国的板栗大致可以分为南方栗和北方栗两大类。南方栗主要分布在江浙、两湖和安徽等地，这些地方结出的果实较大，淀粉含量高而糖分低，肉质偏硬，多用来做菜；北方栗则分布在华北、山东等地，果实香味浓，淀粉含量低而糖分高，肉质软糯，适合做糖炒栗子等小吃。

挑果

表面呈深褐色且稍微带点红头，通体光泽亮丽，头尾都有茸毛，外壳坚硬，这样的板栗比较新鲜，口感好。

常见的形状分两种，一种一面圆圆的，一面较平。另一种两面都平平的。在选择的时候要甜的就选第一种，要不甜的就选第二种。

最佳赏味期
寒露
分类
山毛榉目壳斗科
原产地
中国

枣

永别吧，疯长的枝丫

春天采枣花蜜，秋天打大枣，中国人民在这个有四千年种植历史的作物上不知花费了多少心思。对待枣树要温柔，犁地别划根，挥杆别伤叶，结出的枣子似乎也甜上几分。走出了国门，枣也轻易就俘获了大洋彼岸的心。

经由丝绸之路，枣最先来到了欧洲，为当地人增添了一道冬季甜食。接着，借欧洲人之手，枣树苗在 1837 年抵达美国北卡罗来纳州的土地，在之后几十年沿着墨西哥湾沿岸逐渐归化。直到 1908 年，美国农业部直接从中国引进了第一批商业枣品种，不必间接从欧洲取得幼苗。枣树适应多种类型的土壤，但更喜欢排水良好的沙壤土，阳光充足、气候干旱的美国西南部再适合不过了，可靠的枣在这里一点都不隐藏耐旱、易护理的实力。

尽管容易养活，枣树却有致命的天敌——“女巫的扫帚”——由一种植原体细菌引起的传染性疾病，多发于我国北方地区。当你留神发觉枣叶发黄上卷，果实大小不一，枝条畸形疯长堆成一把“扫帚”，可一定要留神了，这正是枣树患上“女巫的扫帚”的症状，也被称作“枣疯病”。植原体的感染会刺激植物激素的产生，干扰树枝生长，导致树芽大量繁殖。枣疯病带来的破坏是毁灭性的，一株感染，整座果园可能就毁于一旦了。好在，通过十年的研究，我国在 2005 年培育出对枣疯病具有极高抗性的品种——“星光”，果农们总算少了些提心吊胆。

枣子甜到心间，枣叶偏要来个反差。从枣叶当中能够提取出一种特殊的化合物，起到甜味抑制的作用。为了保存食物，糖常被应用到食品加工中，但过多的甜味可不是一件好事儿。如何在延长食品使用时间和保证食物本身的风味之间权衡？甜味抑制剂搭了一把手。它能抑制人舌头上的甜味接收器，但不影响其他诸如酸、苦和咸的滋味感受。

挑果

光滑饱满，颜色亮泽的枣新鲜自然；个头大的水分足，口感较软，个头小的脆口些。干红枣需要捏一捏，肉质紧实不破皮的为佳。

枣叶枣木也有功

在缅甸，人们会从枣子中提取出色素用来给丝绸染色；在肯尼亚，枣树的树皮也有大功用，能够提炼出不易褪色的肉桂色染料；而在马达加斯加，枣树木不光能够做成家具，更是木炭的优质来源。

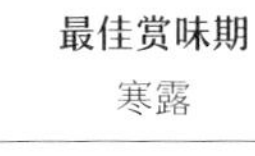

最佳赏味期
寒露

分类
蔷薇目鼠李科

原产地
中国

橄榄

橄榄油没有用到橄榄

新鲜的橄榄是青青的，果肉不多，紧紧地贴在大果核上。一口下去感受到的是涩，多嚼几口之后会出现一种奇异的清甜，我们把这种感觉称为“回甘”。

橄榄的涩源自其中的橄榄苦苷，回甘则是黄酮带来的感受。《农书》中记载橄榄：“其味苦酸而涩食，久味方回甘，故昔人名为谏果。”是指橄榄这种先涩后甜的回甘口感，犹如忠言逆耳，过后才能察觉它的好处，于是橄榄也被古人称为“谏果”。

“清利咽喉”是《随息居饮食谱》对橄榄的其中一条记载，它涩后的回甘被一些人认为对咽喉不适有缓解作用。也有研究证明，橄榄的提取物在实验室培养条件下能对大肠杆菌、金黄色葡萄球菌、黄曲霉等常见的细菌和霉菌有一定的抑制作用，这也不枉古人认为它有“忠臣上谏”那样的有益作用。

回甘的小“谏果”还能被做成各种口味的零食。盐渍的咸橄榄，糖渍的甜橄榄，腌制过程中还能加上甘草、辣椒、蜜糖等调料。20世纪二三十年代在广州流行的“鸡公榄”就包括了上面提到的不同口味的橄榄，其中“鸡公”是小贩吸引顾客的手段，在身上套着一个大大的纸扎公鸡，卖榄人一边吹着唢呐模仿公鸡的鸣叫声，一边走街串巷去贩卖橄榄。

橄榄一向是作为平易近人的小零食存在，却和大名鼎鼎的橄榄油撞名了。橄榄油的“橄榄”二字会让人误认为是由橄榄制成的，实际上它是由有“油橄榄”之称的木樨榄榨成。后者未成熟时的果实和橄榄极像，但果肉含油量较高，大部分油橄榄都被榨成油，成了超市货架上包装精美、价格昂贵的橄榄油。

橄榄核雕

橄榄的核呈中间大两头小的梭形，核内中空，分三室。中国匠人的雕刻高超技术似乎是无物不能雕，小小的橄榄核在他们的手里也能雕刻出千姿百态。

挑果

外表青绿色偏少黄色，个头饱满、亮泽，没有黑斑或发黄，这样的橄榄新鲜口感好。

最佳赏味期
霜降
分类
无患子目橄榄科
原产地
地中海地区

白果

穿越冰河时代的种子

白果又叫银杏果，纵然两个名字里都带着果字，但它并不是果实，而是一颗种子。白果肩负了银杏树繁衍生息的希望，而在度过了漫长的时间之后，却成为了人类嘴边的食物。

白果的母树银杏是强大而孤独的。早在两亿年前，银杏科的植物达到了家族鼎盛期，不同树木热闹地栖居在各地，直到冰期又一次来临，银杏家族的植物纷纷灭绝，只有一些扎根亚洲的银杏得以存活繁衍。要度过如此漫长的岁月，银杏的树龄相比人类要长太多了，在我国多地都能找到存活千年以上的银杏树。

有千年的时光可待，于是长得似乎也不用那么着急了。一颗白果栽下去后，通常要 40 年左右才会大量结出种子。明代《汝南圃史》中记录了银杏的这一特性，并称白果是“公种而孙得食”，即年轻时种下一棵银杏树，待到孙辈出生就可以吃到银杏果了，因此白果又被称为“公孙果”。

和白净外形相差甚远的是，白果那白色的壳子外面，原本还裹着一层橙黄色的肉质外种皮，挂在树上就像一个小小的杏。白果的外种皮不像别的水果一样甜美可口，反而散发着一股腐烂的恶臭，那是由丁酸和庚酸散发出来的味道，往往让闻到的人掩鼻而逃。

掰开白色的中种皮，搓开黄色的内种皮，就是一颗光滑圆润的白果，看着小巧可爱，里面却暗藏危机。白果肉中含有白果酸、白果酚和氢氰酸等有毒物质，含量随着果子成熟度升高而增加，将白果煮熟，能降低这些物质的毒性。成人生吃白果一天最好不要超过十颗，即使煮熟了，也不宜多吃。

挑果　外壳坚硬，光滑、洁白，表层无霉斑，大小均匀，摇晃无声音，这样的白果新鲜，果仁饱满。

最佳赏味期
霜降

分类
银杏目银杏科

原产地
中国

南瓜

万圣节的辟邪神器

白瓤的冬瓜，黄瓤的南瓜，红瓤的西瓜，那么或许会有不少人感到疑惑，北瓜在哪里？

在南瓜最初传入中国时，因品种来源不一，少数地区将它称之为“北瓜”，清乾隆年间的《湖南通志》中有记载：“南瓜，湘潭株洲产最多，俗又呼为北瓜。”不过《本草纲目》中记载的“南瓜种出南番”和明崇祯年间《乌程县志》写的“南瓜至南中来”等，这些资料都证明了南瓜当时是从南方传入中国的，那么最终南瓜以“南”字走天下，也就不足为奇了。

野生南瓜的老家在美洲。离开家乡之前的野生南瓜果皮坚硬、果肉味苦，好吃的反而是藏在果肉中的白色果籽。后来在不断驯化、传播过程中，南瓜逐渐变得甜香软糯，人们同时还培育出产瓜子的品种。如今我们既能吃上甜糯糯的南瓜，也有香脆的南瓜子嗑，实在是最幸运不过。

和葫芦瓜、丝瓜等讲究吃幼嫩果实的瓜类不同，南瓜越成熟滋味越好。未成熟的南瓜中淀粉含量较高，而淀粉是没有甜味的多糖。在完全成熟的老南瓜中，淀粉被转化成带甜味的小分子糖，因此这时的南瓜吃起来味道更甜；同时老南瓜的水分较少，口感也会更面更软糯。

清代《北墅抱瓮录》中也体现了古人对老南瓜的推崇：“南瓜愈老愈佳，宜用子瞻煮黄州猪肉之法，少水缓火，蒸令极熟，味甘腻，且极香。”其中“宜用子瞻煮黄州猪肉之法”，即煮南瓜最好用煮东坡肉那温火慢炖的方法，将它炖煮至熟烂。

万圣节的南瓜灯

爱尔兰流传着一个传说：一个叫 Jack 的男子在酒后戏弄恶魔，所以在他死了之后，天堂和地狱都拒绝他进入。他的灵魂无处可居，只能靠着一支放在挖空的萝卜中的小蜡烛在天地中飘荡。而后来新移民到了美洲后，将萝卜换成了南瓜，并用南瓜灯在万圣节前夜代表 Jack 来吓走游魂。

挑瓜

越“老”的南瓜水分越少，含糖量大，筋少，口感敦实厚重。

不管是黄色或是绿色的颜色越深，棱越深，瓜瓣儿越鼓就越老，同时老瓜的表皮坚硬紧实。

外表要完整，不能有损伤、虫害或斑点。

最佳赏味期
霜降

分类
葫芦目葫芦科

原产地
美洲

柿子

涩口又如何，帝王也嘴馋

手握一长杆，杆上绑着带刀的铁圈，对准柿子往前一抻，连蒂割下，“扑通”一声，柿子落进布袋。农历九月，摘柿子成了人们最紧要的农活。这一盏盏喜庆的“小灯笼”，等不及要展现它们最可爱的一面。

如今，柿子再普通不过了，哪承想起初竟是皇室专属贡品。柿子这原产于我国的植物，早在春秋时期就引起了人们的注意。《礼记·内则》中，柿子被列入国君标准饮食的餐单，这极讨帝王欢心的果子，在当时还是稀罕之物。

柿树作为雌雄异株的代表之一，雌树结果，雄树不结。如何种出品质优良的柿子，成为了当时的难题。好在北魏贾思勰在《齐民要术》中道出了栽种和嫁接方式，柿树迎来了世俗化的转变，从帝王的庭院迈向更广阔的土地。

柿树被称为“铁杆庄稼”，这美称可不是浪得虚名，寿命长、产量高、耐瘠薄、病虫害少的优势，让它成为了农户们的心头好。可柿子吃起来却没那么省心，光是天生的涩味就够折腾人的。

这种涩味主要来自柿子细胞中的单宁。当可溶性单宁与唾液蛋白相结合，形成一种收敛感，涩味顿时生出。但并非所有柿子的单宁含量都高。在四类柿子（完全涩柿、不完全涩柿、不完全甜柿及完全甜柿）中，涩柿的单宁含量高达 3%，而完全甜柿能够在树上自然脱涩，单宁含量不足 0.1%，几乎尝不到涩味。

人类为了驯服恼人的涩味，可是想尽了法子。除了放置并等待自然脱涩，人工脱涩更加符合商品市场的特性。热水浸泡、黄酒浸泡和喷洒酒精的方法，本质上都是将单宁从可溶性状态聚合成不可溶性状态，以减轻涩味。

挑果

新鲜甜美的柿子果形大且饱满，颜色橙红、均匀，表面光滑干净、没有虫洞或裂隙。

柿子的丰收季过去，叶子落尽，枝头依旧挂着几枚成熟的柿子。不是人们忘了摘，这是留给鸟儿过冬的食物。

最佳赏味期
霜降

分类
柿树目柿树科

原产地
中国

牛油果

把脂肪当武器

味道有一点腥，几乎没有水分，口感细腻，像在吃黄油。这可能是许多中国人第一次吃牛油果的记忆。一旦接受了牛油果独特的香滑肥美，每一次的细细品尝都会增加我们对它的喜爱。

每 100 克牛油果果肉就有 15 克脂肪，这在水果中极为罕见，一般蔬菜水果的脂肪含量几乎等于零。脂肪是牛油果生存至今的“武器”，早在猛犸、巨型树懒等动物生长的新生代，牛油果为了诱惑这些巨型动物帮自己传播种子，进化出了能量充足的果肉和不易被消化的种子。

依靠陆地动物的运输，牛油果最初只在美洲的热带地区生长。直到近几百年，外国旅行者才无意中发现了这种神奇的水果。牛油果从墨西哥向世界各地传播的过程并不顺利，四十多个名字从原来的阿兹特克语名称 ahuakatl 变化出来，贸易过程中难以统一。

到了 17 世纪末，现行的名称 avocado（牛油果）和 alligator pear（鳄梨）由英国博物学家汉斯 · 斯隆（Hans Sloane）提出，并成为通用版本。有趣的是，alligator pear 与鳄鱼并没有关系，只是碰巧读音相似。

名称普及之后，牛油果加快了风靡全球的速度，靠的主要还是体内的脂肪。牛油果的单不饱和脂肪占总脂肪比例的 70%，这是一种好脂肪，与橄榄油的油酸同属一个类型，能降低坏胆固醇的含量。此外，牛油果膳食纤维高、糖分低，还含有水果中罕见的蛋白质、丰富的钾元素等营养物质，被人们推崇为超级健康食品。

宠物的毒药

牛油果含有一种名为甘油酸（persin）的化合物，其树枝和树叶中的含量最高。普遍认为甘油酸对人体无害，却能给反刍动物、啮齿动物、鸟类、鱼类等动物带来致命伤害。

挑果

成熟过程中，牛油果的颜色从青绿色、暗绿色过渡到绿黑色。即食牛油果的外表呈暗绿色，果肉变软，轻按有弹性。轻轻拨动果蒂，透过缝隙观察果蒂处的果肉，黄绿色为佳，若是褐色，果实已变坏。

最佳赏味期
霜降

分类
樟目樟科

原产地
墨西哥

立冬

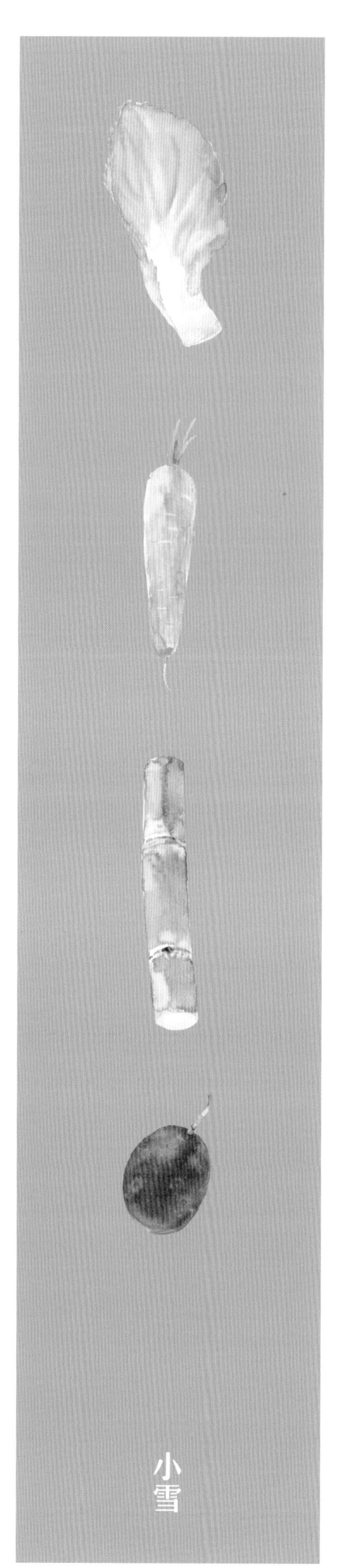
小雪

大雪

冬至

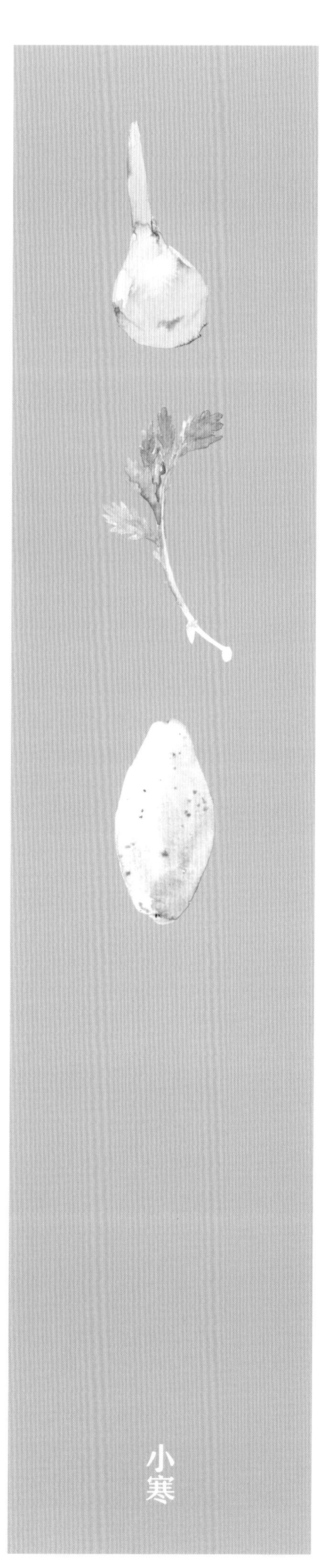
小寒

大寒

芋头

『藏毒』『变性』『尸臭』？这些植物有自己的理由

外形憨厚朴实，口感酥软，殊不知芋头是一种蕴含毒性的植物，它所在的家族也是背景显赫。

芋头的毒素——草酸钙散布在植株的根、茎、叶等营养器官中，起到支撑、防御以及积聚与反射光等作用。这种草酸钙晶体形态尖锐、富有韧性，可致人中毒。

要是徒手接触或者生吃芋头，汁液中的草酸钙晶体会渗入皮肤和黏膜，引起刺激甚至中毒。而在被彻底煮熟的情况下，芋头中的草酸钙晶体被破坏，毒性降到安全水平。

芋头原产于印度等亚洲热带地区，目前国内脍炙人口的芋头要数产自广西的荔浦县的荔芋。这个品种肉质酥软、味道香浓，让人回味无穷。同样来自天南星科的海芋和姑婆芋跟食用芋头长得十分相似，切忌误食。几十年前塑料袋还未在中国普及的时候，这两种植物的叶子常用来包裹蔬菜、肉等食材，因此误食中毒就医的事件不在少数。

在植物界，毒性只是天南星科的基础技能，该科的花朵结构和传粉手段才算得上奇特。

芋头的花属于佛焰花序，由肉穗花轴和形似烛台火焰的苞片组成，类似的植物还有红掌、海芋和龟背竹。一般来说，花朵的性别固定，分工明确。佛焰花序则比较灵活，雌花和雄花上下排列在花轴上，它们可以根据环境和自身成熟程度随意变换性别，以达到传粉效率的最大化。

整个花序还是精心设计的机关，在开花的傍晚，花序会升温，并散发出臭味而非香气。虫子进来之后，花序通常会把它们困住，直到传粉完成，才打开一个小门让它们离开。

腐尸花

将天南星科的绝技发挥到极致的是巨花魔芋，它能进化出巨型的佛焰花序，最高接近 3 m。它还能极逼真地模仿出腐烂尸体的温度和恶臭，因此被称为腐尸花。食腐的昆虫无法辨别，只好前来“帮忙”。巨花魔芋的开花成本高，需要数年积累才能绽放一两天。每逢各国植物园巨花魔芋开放，媒体会大事报道，市民也欣然前往观赏。

最佳赏味期
立冬
分类
泽泻目天南星科
原产地
中国、印度、马来半岛

挑芋

尽量挑选形状饱满，没有畸形、没有虫洞的芋头；稍用力捏一下芋头的各个部位，选择结实的芋头；在新鲜的基础上，重量较轻、质地呈粉质的芋头口感更粉糯；新鲜的带土的芋头比较耐放。

番薯

无处不在，却曾来历不明

巧合的名字里都有“薯”和“potato”，都是当今最重要的根茎类作物之一，番薯和马铃薯并不是近亲。番薯属于旋花科，土豆属于茄科，但在远古时期，它们曾是一家人。

标志性的“番”字说明了它并非中国本土物种。它在几千年前由南美洲的印第安人驯化，在16世纪依次经欧洲、菲律宾传到中国。学名中的种加词“batatas”便是来自南美洲一支印第安人使用的阿拉瓦语。

关于番薯的来历众说纷纭，人们普遍认为它源自美洲，考古证据为北美洲曾出土过3500万年前旋花科植物的化石。然而，2018年最新的研究表明番薯的原产地极可能在亚洲。

主要研究者是美国印第安纳大学的教授大卫·迪尔切（David Dilcher），他发现一块位于印度、来自5700万年前的叶片化石竟然是旋花科植物的叶子。迪尔切将它和旋花科番薯属的几百种植物进行仔细对比，包括对叶脉和细胞的微观分析，最终证明这片古老的叶子正是番薯的祖先留下的。就这样，番薯有了新故乡：新世时代晚期的冈瓦那大陆，也就是现在亚洲的位置。

这个发现不仅推翻了番薯来自美洲的推测，还更新了茄目下旋花科和茄科分离的时间。尽管根据此前的研究，一块5200万年前茄科植物的化石在南美洲阿根廷被发现，但科学家还是没有推测两者分离的时间那么早，而这一下把番薯和土豆的分家时间推到了至少几千万年前。

科学家和他的番薯

20世纪初，科学家乔治·华盛顿·卡弗（George Washington Carver）将实验兴趣从花生转向番薯。贴邮票的胶水、棉织物上浆用的淀粉、书写用的油墨……卡弗博士开发出118种番薯制品，他挖掘出了番薯价值的多样化和奇妙的可能性。

挑番薯

椭圆饱满、呈纺锤状的番薯是第一美人；表皮光滑，没有凹凸不平或者斑点，若发皱则说明储存时间过长；尖端在运输过程中容易撞伤，需要仔细观察尖端是否腐烂；凑近鼻子，认真闻一下番薯的气味，好的番薯有一股清香，被虫蛀过的番薯有一股轻微的刺激气味。

最佳赏味期
立冬
分类
茄目旋花科
原产地
亚洲

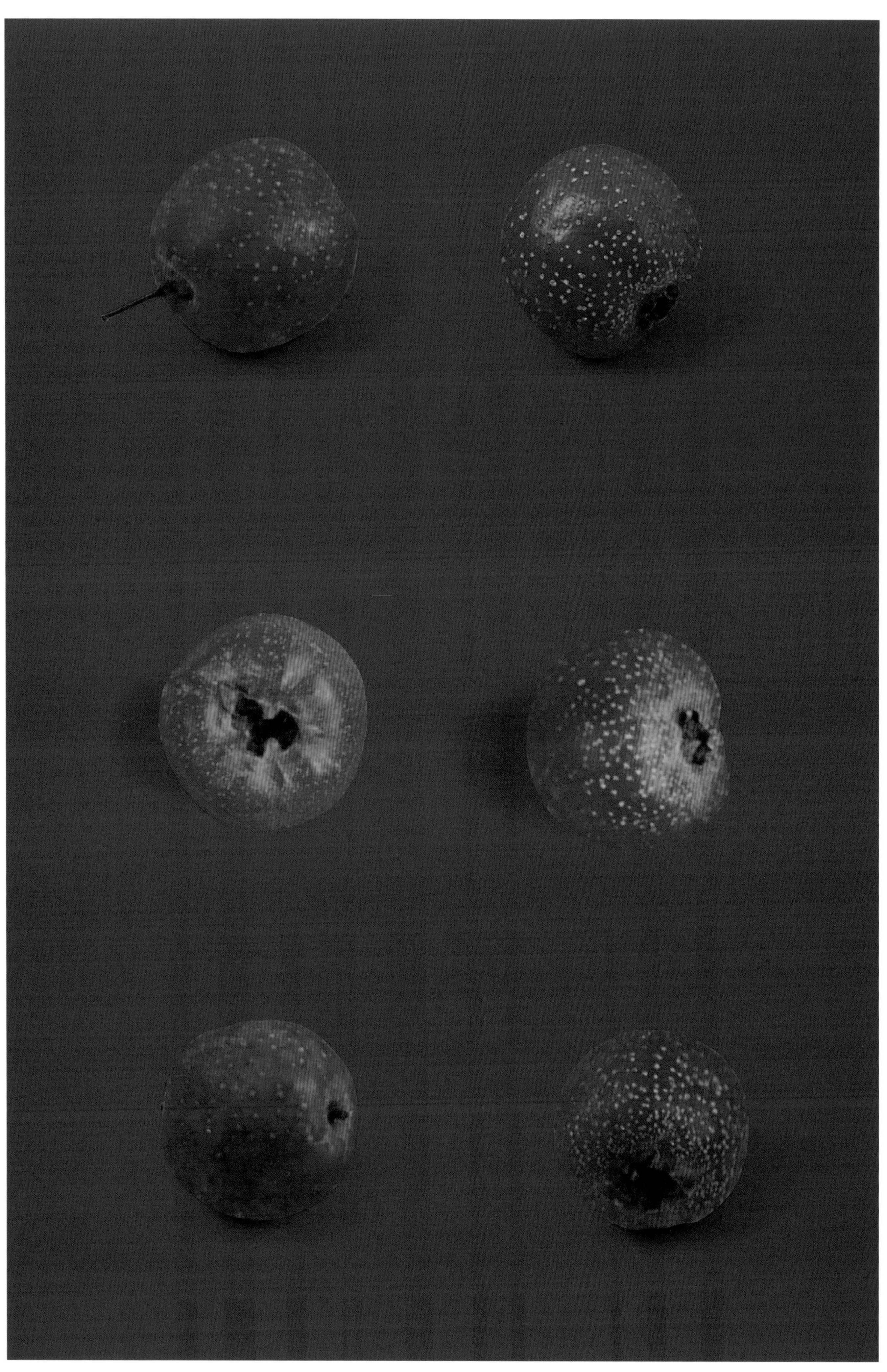

山楂

尖刺中成长的万人迷

“冰糖葫芦哟——”只消胡同里这一句吆喝，没一会儿，院门里探出几个小脑袋，争着要拿下稻草上那串最大的糖葫芦。山楂蘸上糖稀，甜脆的外衣裹着软糯的果肉，冬日庙会四处可见《故都食物百咏》里“签筒摇动与飞扬”的景致。

除了冰糖葫芦，糖霜山楂、果丹皮和山楂糕同样是一绝，中国人在这源自欧洲的果子里注入丰富的想象力，将吃法发挥得淋漓尽致。对于欧洲人来说，山楂则是一个全能的好帮手。

如果你想做一道可口的沙拉，不妨加入一些山楂嫩叶和花蕾。比起果子，山楂的花和叶含有更多黄酮类化合物，有助于促进血液循环。欧洲人管山楂叫做五月树（May-tree），这是少数的以开花的月份命名的英国植物。五片花瓣簇拥着黄绿色的花蕊，春天的山楂树远远就能夺走所有人的目光，靠近却散发一股腥气。这是山楂的花朵正在释放信号，吸引蝇类为其传粉。

如果你需要搭建篱笆，没有什么比山楂树更经济环保了。枝丫布满荆棘，生长在灌木丛中的山楂在欧洲被广泛作为篱笆树栽种。17 世纪至 19 世纪，正值英国农业革命，各家苗圃开始大量种植山楂苗，以创造《土地封闭法案》（*Inclosure Acts*）中所要求的田野边界，形成难以穿越的自然屏障。

山楂树的第二次生命

山楂树不仅为许多鸟类和哺乳动物提供食物和住所，在雕刻业也是一把好手。具备天然线条的山楂木结节少，经过打磨后变得光滑，是雕刻师们在设计复杂零件时的首选。山楂树的根部也能用于制作珠宝盒、梳子等精巧之物。

山楂的刺是特有的防护，但它可不尖酸刻薄，结出的果子照样酸甜可口。其实山楂果实中的含糖量不低，但大量的有机酸占了上风，尝起来自然感到“倒牙”。各种有机化合物与肠道菌群相互作用，促进肠胃蠕动，从而达到消食的目的。凡事盈满则亏，山楂同柿子一样，含有单宁（鞣酸），空腹不可食用过多。

挑果 个大端正、表皮鲜艳有光泽的山楂品质好，要留意是否有虫眼，或者表皮是否破损。

最佳赏味期
立冬
分类
蔷薇目蔷薇科
原产地
欧洲

释迦

长着佛祖的发型，却能把你的脑子吃坏

在英语国家，人们习惯把水果简单命名为“apple”，如 wax apple（莲雾）、rose apple（蒲桃）和 pineapple（菠萝）。释迦吃起来像甜奶油沙司，于是成了 sugar apple 或 custard apple。而在东方，语言讲究象形。在荷兰和中国台湾地区贸易频繁的 17 世纪，荷兰人将释迦经印尼引入该地区。释迦这个名字与“佛祖发型”的造型相吻合，同时它还是印尼语 srikaya（释迦）的译音。同时它也叫番荔枝，这也是出于外形的考虑。

这“佛头”的模样，其实是释迦分布种子的最优方案。不断重复的鳞片暴露了释迦不是单果，而是聚合果。一个凸起的结构代表一个单果，所有单果共同依附在花托上，膨大发育成整个释迦。成熟后，释迦的果肉变软，味道香甜。它富含维 C、纤维和蛋白质，营养价值高，然而如此优秀的水果却暗藏玄机。

释迦和其他番荔枝科植物一样，含有丰富的活性生物碱（alkaloids）和番荔枝内酯类化合物（acetogenins），叶子和种子里最多，果肉里也不少。这两组化合物属于神经毒素，能引起神经系统退化疾病，如帕金森症和痴呆。

在古时候的热带部落，释迦籽是一种有效的天然药物，用于治疗头虱、治疮和去角质。然而如果释迦种子不慎接触到眼睛，就会引起中毒性角膜结膜炎，甚至失明。20 世纪 90 年代，科学家发现在东加勒比海上的瓜德罗普岛，人们因为长期食用刺果番荔枝（Annona muricata，释迦的同属植物）而患上非典型帕金森症。P. Champy 等研究者测得只要每天吃一个半斤重的刺果番荔枝，一年就会出现神经系统损伤症状。

科学家还测出了释迦果肉中的毒素比刺果番荔枝低，偶尔吃一个不会构成危害，长期食用则可能会有风险。事情在 21 世纪初出现了转机，正如《辍耕录》所说的“以毒攻毒”，科学家发现番荔枝科毒素拥有强大的抗癌活性，能迅速破坏肿瘤细胞的生物膜进而杀伤肿瘤细胞。除此之外，从该科植物鉴定和分离出来的化合物已有 200 多种，并表现出抗菌、抗氧化杀虫等药理活性。在杀死坏细胞的同时，如何保护正常细胞不受伤害成了目前需要解决的问题。

吃果 刚买回来的释迦若仍硬实，可以用报纸包住，喷些水，放上两天就变软了。将外皮的鳞目削去，再切块品尝；若不想碰到果肉，可以对半切开，用勺子挖出果肉。

挑果 优质释迦外观完整，没有裂口和凹陷；鳞沟呈鹅黄色、鳞目大且分布均匀的果肉多；掂一掂，同样大小的越沉的水分越足。

最佳赏味期
立冬

分类
毛茛目番荔枝科

原产地
南美洲

芥菜

餐桌上的小孩煞星

在台湾过年，围炉相聚，必吃芥菜。人们给这叶大茎肥、入口回甘的植物冠以“长年菜”的美称，祈愿长命百岁、苦尽甘来。就算小孩再怎么哭闹拒绝，也要轻哄着一口喂下。

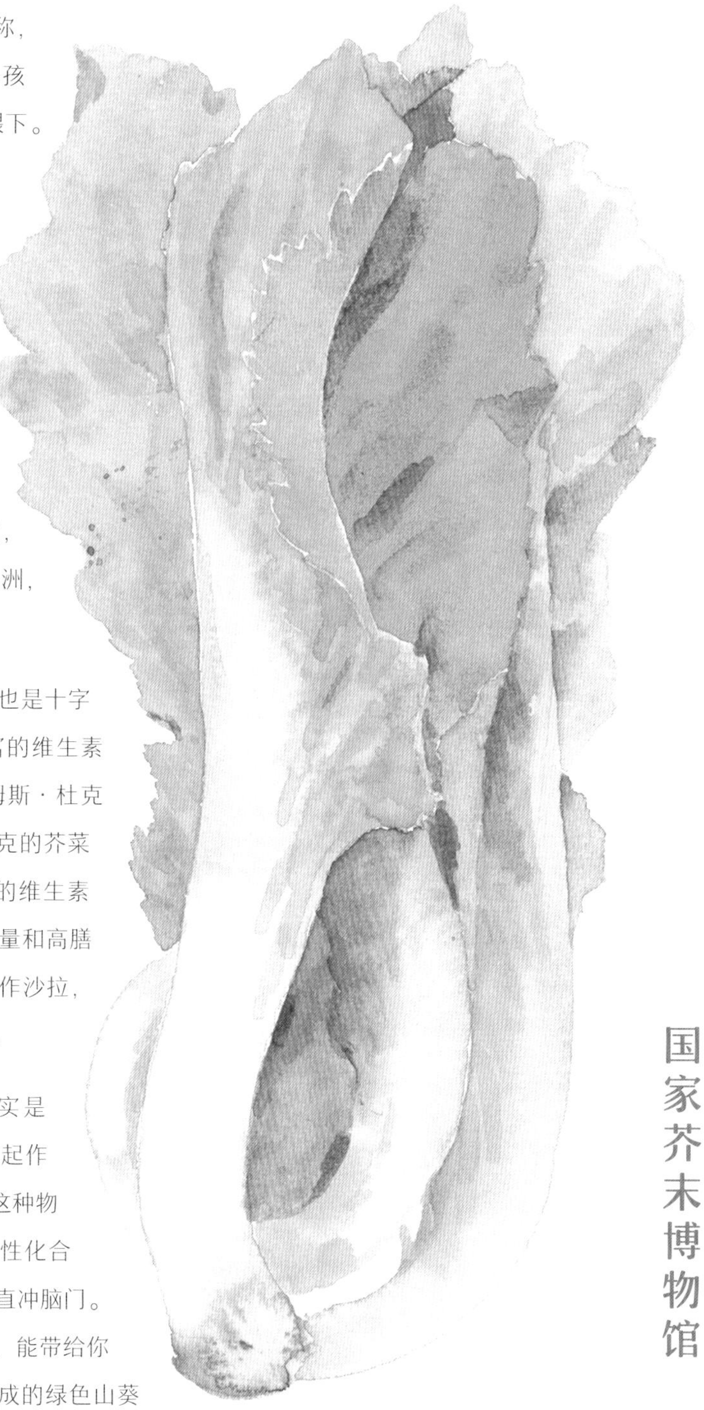

起源于印度次大陆的喜马拉雅山脉平原，芥菜的第一次品种分化是在我国四川的附近地区，经过长期培育已演化出丰富的变种，比如主根肥大的根用芥菜和腋芽发达的芽用芥菜。作为一种适应力和生长力顽强的作物，芥菜逐渐在整个北半球归化，从日本到欧洲，再到南美洲和北美洲，根植在新的土地上。

与卷心菜、大白菜一样，芥菜也是十字花科蔬菜家族中的一员，含有丰富的维生素 A 和维生素 C。美国植物学家詹姆斯·杜克（James Duke）分析得出，140 克的芥菜能为成年人提供每日所需的 60% 的维生素 A 和 100% 的维生素 C。因其低热量和高膳食纤维的特性，芥菜的嫩叶也常用作沙拉，以促进肠胃蠕动，控制胆固醇水平。

芥菜的苦味拒人千里，这其实是我们熟悉的老朋友——芥子油苷在起作用。芝麻菜的刺激味道同样来源于这种物质。当芥子油苷经过水解产生挥发性化合物，特殊的苦味和辛辣味窜入鼻腔，直冲脑门。由成熟芥菜的种子研磨而成的芥末，能带给你这种极致的快感。不同于山葵根磨成的绿色山葵酱（Wasabi），芥菜籽磨出的粉末呈黄色，因此称为黄芥末。

物尽其用，人类不断地开发芥菜的潜能。不只趁鲜品尝，腌渍后的芥菜有着更加多样的变化——咸菜、榨菜、酸菜和雪里红，通通是芥菜的化身。经过盐和时间的改造，芥菜卸下了“生人勿近”的心防，不再咄咄逼人，拿苦味吓跑小孩了。

国家芥末博物馆

如果你是芥末狂热迷，千万不能错过这家位于美国威斯康辛州的国家芥末博物馆（National Mustard Museum）。1986 年，从事法律行业的巴里·莱文森（Barry Levenson）迷上了收集芥末，并立志拥有世界上所有芥末制品。为了这个理想，他离开法律界，在 1992 年成立了以芥末为主题的博物馆。至今，国家芥末博物馆里，来自 70 个国家的超过 5642 种芥末酱和数百件芥末纪念品正在公开展出。

最佳赏味期
小雪

分类
十字花目十字花科

原产地
印度

挑菜

新鲜的芥菜叶片完整、鲜绿，手感沉重；应选择叶柄和茎部肥厚饱满的芥菜，若是有开花现象则口感不佳。

胡萝卜

橙色系动植物的秘密

面对秋天的落叶，多愁善感的林黛玉写出了“秋闺怨女拭啼痕”的伤感。而在植物的世界里，树叶正在进行一场关于叶绿素和类胡萝卜素的“交接仪式”。这时低温等环境因素使绿叶中的叶绿素降解并褪去，性质稳定的类胡萝卜素则逐渐显露本色。

类胡萝卜素是一类天然色素的总称，它们大量存在于植物和藻类以及它们的捕食者中。目前科学家发现的类胡萝卜素已经有好几百种，它的名字来自β-胡萝卜素含量极丰富的胡萝卜。我们知道吃太多芒果和橘子皮肤容易变黄，那是因为过量的β-胡萝卜素在皮肤沉积。而胡萝卜中的β-胡萝卜素的含量是惊人的（每100克胡萝卜含8毫克β-胡萝卜素），它是芒果的13倍，橘子的53倍。

β-胡萝卜素是我们进食胡萝卜的一个重要目标，不过我们真正需要的是它进入体内之后转化而成的维生素A，这种物质也叫视黄醇，它与人的生长发育、视力、皮肤等健康问题直接相关。

要知道β-胡萝卜素可没有那么老实，不像其他蔬果那样生吃可以保留最多的营养，胡萝卜要是生吃，我们一点维生素A也没有获得，β-胡萝卜素只会通通变成排泄物。鉴于它是一种溶于油脂但不溶于水的化合物，我们需要将β-胡萝卜素与含脂肪的植物、肉类同食。被人体吸收的β-胡萝卜素将被储存在肝脏和脂肪中，必要时为人体提供维生素A。

尽管含有丰富的潜在维生素A，但胡萝卜并不是人见人爱的蔬菜，那一股闷闷的怪味实在让不少人却步。一个人每天大约需要10毫克β-胡萝卜素，蔬菜中极容易找到β-胡萝卜素，红薯、南瓜、木瓜等近似橘红色的蔬菜都是它丰富的来源。完全没有β-胡萝卜素的蔬菜大概也只有白色的花椰菜。

被染色的三文鱼

那一口肥美的三文鱼里，鱼肉的鲜橙色不是其他，正是一种类胡萝卜素——虾青素的体现。由于喜欢捕食富含虾青素的磷虾和其他甲壳类生物，野生三文鱼把自己的肉染成了橙色。在三文鱼养殖产业，为了提高成活率和繁殖率，饲料中往往需要添加虾青素。

挑胡萝卜

细看表皮是否有磨损，根尖的部分是否已经干瘪；捏一捏，坚硬的胡萝卜更新鲜；带泥土的胡萝卜表明采摘时间比较近，一般比洗干净的胡萝卜新鲜。

最佳赏味期
小雪

分类
伞形目伞形科

原产地
亚洲西南部

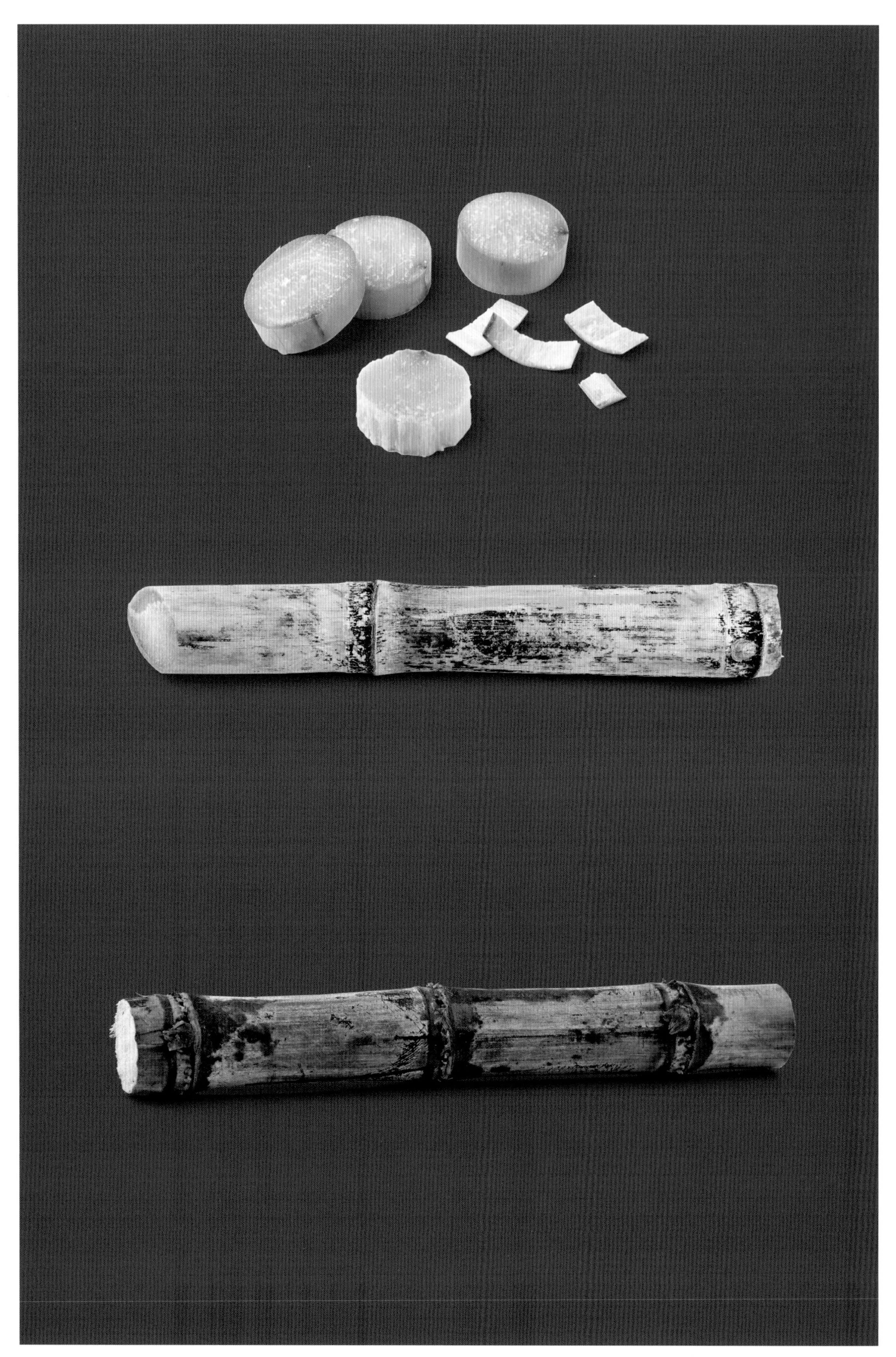

甘蔗

取得甜味的胜利

几节甘蔗，一张小板凳，就能打发一下午。牙口好的人不费劲就能啃下一块，送进齿间细细咀嚼，直到再也嚼不出甜液，才肯把干瘪的纤维吐出。无论生嚼还是榨汁，吃甘蔗的目的太明确了——只为那天然的甜味。

糖是植物界中每种水果和蔬菜天然存在的碳水化合物，由光合作用合成。作为草中的巨株，甘蔗将糖分以汁液形态贮存在茎部的纤维中，因其丰富的糖含量，通常用于商业用途。除了制糖，随着石油价格的上涨，甘蔗的乙醇市场也在增长。

人类对甜味的渴求深深地影响着国与国之间的交流。原产于亚洲温暖的热带地区，甘蔗在公元前 8000 年左右被新几内亚人驯化，这原始的美味迅速蔓延到东南亚、中国南部和印度。最初，人们通过咀嚼甘蔗原料来提取其中的甜味，直到公元 4 世纪到 5 世纪之间，印度化学家发现了一种结晶提取蔗糖的方法，使糖更容易运输。

11 世纪，欧洲十字军在东征期间带回甘蔗，开启了威尼斯和地中海贸易船队的兴起。到 14 世纪早期，蔗糖已成为英国上流社会的标识。新大陆的发现为甘蔗开辟了更好的种植条件，因此甘蔗很快就被引入美洲。甘蔗的种植和加工在当时并不容易，属于高度劳动密集型产业，这使得制糖工业同奴隶制的联系从 18 世纪延续到 19 世纪。

随着甘蔗种植园和制糖工厂的扩散，加之甜菜的冲击，19 世纪，糖的价格逐渐下降，向所有人开放怀抱。

昆虫也爱吃甜食

就像人喜欢吃甜食一样，甘蔗螟也是如此。这种蛾类在幼虫时期便爬下叶子，钻入叶鞘和茎吸食养分，对甘蔗造成广泛的破坏。目前国内外科学家正在研发抵抗甘蔗螟的生物防治技术，以达到减少杀虫药的使用和保证产量的目的。

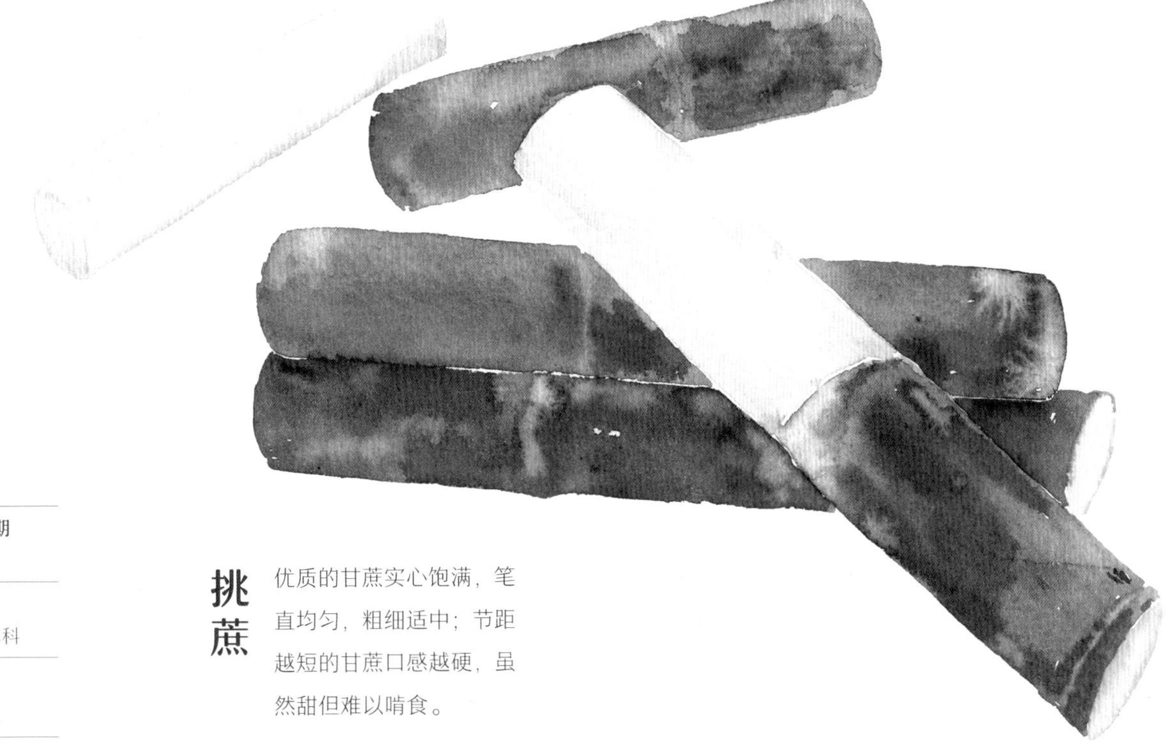

最佳赏味期
小雪
分类
禾本目禾本科
原产地
印度

挑蔗

优质的甘蔗实心饱满，笔直均匀，粗细适中；节距越短的甘蔗口感越硬，虽然甜但难以啃食。

百香果

釉蛱蝶的私人别墅

水果们用香气引诱捕食者已经不是什么新鲜事，而百香果在这一点上的努力确实让人敬佩。切开两半，一勺一勺地吃掉这个充满汁液的浆果，无数种香味同时充斥着口腔。最初的起名者凌乱了，只好用“百香果”来概括这种来自美洲的水果。

百香果的另一个名字“热情果（passion fruit）”更能感染人，直接道出了它浓烈的性格。而事实上，这个名字的来源并不是一个快乐的故事。1529 年，西班牙人发现百香果的花朵结构与耶稣被钉在十字架上的受难姿势一样，于是将它命名为“受难之花”（Passion flower）。Passion 既意为耶稣的受难和死亡，也是热情的意思。这个叫法后来也变成了西番莲属名 Passiflora。

黄色和紫色的百香果是最常见的食用果实，紫色的酸，黄色的甜且个头大。百香果的复杂味道实在让人无法描述，科学家在黄色百香果身上竟然找到了多达 51 种芳香味化合物。其中大部分是挥发性的醇类和酯类，与许多熟悉水果的浓郁香气类似，人能轻易从中尝出丁香花、柑橘、柠檬、芒果、番石榴等多种花香、果香、本草香及甜味。

携带着如此多的芳香物质，百香果体内自然地形成了一些毒素，用于驱赶害虫，整棵植株也只有成熟的果实是安全的。没想到的是，百香果只对一类蝴蝶情有独钟，它十分欢迎蝴蝶们到自己身上安家，百香果提供住所和营养，釉蛱蝶则为百香果传粉，两者形成和谐的共生关系。

釉蛱蝶喜欢在百香果的叶子上产卵，幼虫以叶子为食，并吸收百香果的毒素来防身。但它们是不懂得节制的客人，会不断地吃直到把果树毁掉。蝴蝶数量太多的时候，百香果也有奇招，它就会在叶子上长出一个个酷似虫卵的小凸起，让蝴蝶误以为这棵百香果已经被蝴蝶产卵而离开。果树还会在花和叶子上布陷阱，让虫卵无法成长，或者在枝叶上发展蜜腺，呼唤蚂蚁把幼虫吃掉。

钟情百香果树的可少不了人类，在花园里种上一棵，一年便可结出百余个果实，还能意外获得观赏蝴蝶生长和双方斗智斗勇的机会。

好吃品种

紫香百香果：个头小，口味酸甜；
黄金果百香果：甜度高；
满天星百香果：表皮紫黄色、有星状斑点，偏甜；
台农一号百香果：果形大，果汁率高，香气浓郁。

最佳赏味期
小雪

分类
金虎尾目西番莲科

原产地
南美洲

挑果

同一个品种的百香果，越深色的越成熟。果汁含量高的百香果更有重量感，表皮起皱的百香果更成熟，也更甜。

白萝卜

干扰害虫的判断

同人一样，植物在一生中总不能完全独善其身，必要时需要其他“朋友”的帮助来渡过眼前的窘境。不合拍的植物会给双方带来厄运，而有些植物种在一起相得益彰。别看萝卜貌不惊人，只要摸透它的习性，和许多植物配对成功，菜园自然长势喜人。

萝卜强大的生根能力是它与其他植物共生的一大优势。在有利的生长条件下，萝卜的主根在 60 天内可以延伸将近 1 米 的深度，根部产生的通道能改善土壤质量并加强渗透力，取代机械方法顺利解决土壤紧实的困扰。在生态学家安托·埃文斯（Ianto Evans）的伴生种植方法中，生长迅速的萝卜还能为发芽较慢的欧洲防风草和生菜遮荫，并在秋冬季抑制杂草的生长。

如果为植物奉献精神排个名，萝卜的位置估计不会太靠后。作为“陷阱作物”，萝卜一力扛起分担害虫啃食的重担，保护其他脆弱的蔬菜。跳蚤甲虫爱吃西蓝花，而萝卜能够分散跳蚤甲虫的注意力，使它转而啃食自己的叶子。尽管叶子受了伤，幸存的根部依旧能同健康的西蓝花一起收获。实验证明，在西蓝花中以 15~30 厘米的间隔种植萝卜，能显著减少害虫对西蓝花的损害。

有些害虫爱吃萝卜叶子，有些却唯恐避之不及。萝卜对黄瓜的常客——黄瓜甲虫，有着充分的威慑力，全靠它强烈的辛辣气味来驱逐黄瓜甲虫。萝卜含有一种普遍存在于十字花科植物中的酶，当植株被咀嚼，这种酶被释放合成为芥子油，以抵抗害虫的啃食。

樱桃萝卜

挑萝卜

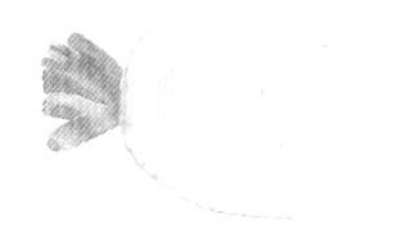

最佳赏味期
大雪

分类
十字花目十字花科

原产地
中国

西蓝花

做了总统，再也不吃西蓝花

“把西蓝花吃掉！”

“不！”

这是国外影视作品里经常出现的一幕，家长们总是连喊带吼地命令孩子吃掉盘子里的西蓝花，而孩子们总是坚守自己的原则，宁愿被惩罚也不吃。

在类似博弈中取得胜利的恐怕只有一个人，他就是美国前总统老布什。他曾公开表示：“我从小就不喜欢西蓝花，妈妈总是逼我吃，我现在做了美国总统，以后再也不吃西蓝花。”随后他还禁止了西蓝花出现在白宫和“空军一号”总统专机上，这一声明不知实现了多少美国孩子的梦想。

而在遥远的中国，西蓝花受到了完全相反的待遇。它是中国菜谱上的新同学，从地中海沿岸出发，西蓝花在16世纪到达法国，18世纪被引进英国，19世纪20年代传到美国，然后在近50年传遍太平洋沿岸。西蓝花出现在中国人餐桌上的时间不过几十年。

和其他大家熟悉的兄弟姐妹相比，西蓝花的相貌更复杂。卷心菜是叶子包起来的结构，花椰菜是一整个花球，西蓝花则是无数多小花蕾构成的花球。深绿色的外表底下，西蓝花比其他同类花菜拥有更多的β-胡萝卜素、维生素和蛋白质。近年研究者发表了不少关于西蓝花含有抗癌化合物的报道，这更是把西蓝花的作用进一步神化了，人们几乎把它当成了灵丹妙药。当然，药效通常还与化合物的剂量、活性以及人的吸收率等因素相关。

花蕾的绽放是西蓝花的一个重要节点，种植者需要在开花前完成采割和销售，而食客也要抢在开花前把它们吃掉。不然等到西蓝花变成一束黄花的时候，它的口感和营养也随之流失。

切菜 从分支多的地方横着切开，可以轻易将它分成一束束小花，最后将粗壮的枝干切成喜欢的形状即可。

挑菜 鲜嫩的西蓝花手感偏硬，切口平整且充满水分，花蕾为墨绿色且个头小。若花蕾渗透着黄色，说明该西蓝花需要尽快食用，不适合储存。

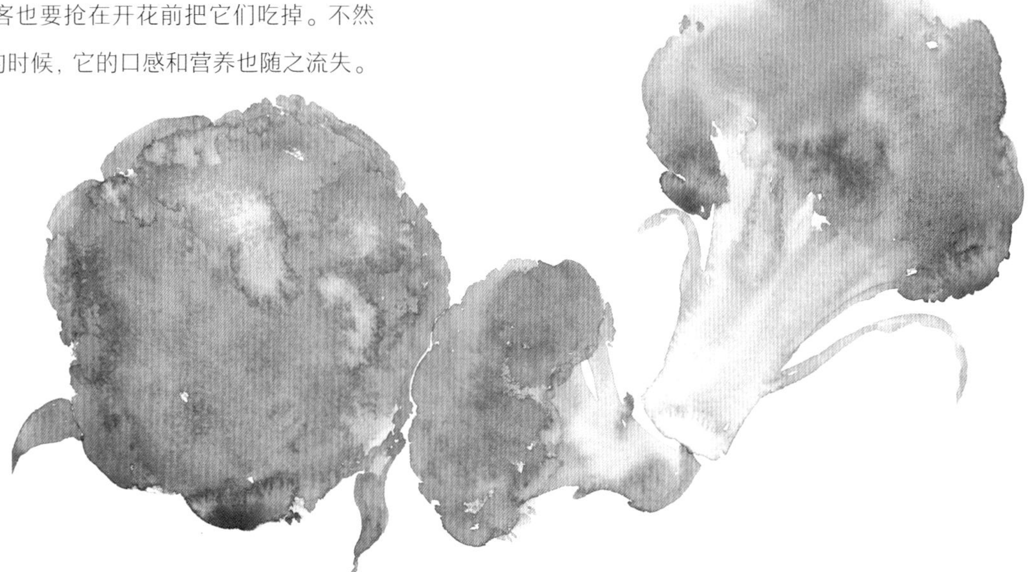

最佳赏味期
大雪
分类
十字花目十字花科
原产地
地中海沿岸

橙

在『乱伦』的家族里，谁才是自己的亲生父母？

世界上本来没有橙子，它的体内也没有自己的基因。每年全球的橙子产量约 5000 万吨，这位纵横果汁界的大佬到底有什么来历？

橙子出生于一个神奇的大家族——柑橘属，跟它长相差不多的橘子、柚子、柠檬、西柚等都是它的家人。这些物种拥有高度亲和的关系，背后隐藏着一个“乱伦”的故事。多年过去了，人们不断对柑橘属进行实验和研究，但它们的关系始终没有理清。

直到 2018 年，美国能源部联合基因组研究所利用最新的基因组学、族谱和生物地理分析方法解开了这个谜题。研究者发现，对柑橘属多样化贡献最大的是柚子、纯种橘和香橼三位元老，其中柚子是母本，香橼是父本，而纯种橘的性别可以根据另一方灵活改变。它们是大部分柑橘属物种的祖先，橙子身体里流淌的正是柚子和纯种橘的血液。

可事情没那么简单，酸橙是首先出现的橙子，由纯种橘和柚子杂交得出，味道酸，香气浓郁，它后来与香橼一起生了柠檬。而现在我们吃的橙子属于甜橙，是纯种橘和柚子的后代（混合橘）与柚子经过多次来回杂交得出的物种。所以说，我们可以确定橙子母亲是柚子，而父亲是哪一代的橘子就不得而知了。更混乱的是，甜橙再次与混合橘多次杂交得出新的混合橘，甜橙和柚子结合得出了西柚。就这样，三大祖父母的基因不断塑造它们的子子孙孙。

橙子的离奇故事还没有结束，甜橙摆脱了复杂的家庭关系，走上了自然变异的路。变异的甜橙不需要受粉，雌蕊的子房可以独自长成果实，调皮的橙子还在肚子里长出了一个完整的小橙子，这就是今天脐橙的来源。进化后的脐橙变得更大，果肉更鲜美多汁。而不含种子的脐橙无法繁衍后代，只能通过嫁接技术培育。

以后也许还能看到新的柑橘属成员出现，无论人类怎么评价它们的生存方式，而对植物的进化来说，这是一场大大的胜利。

挑果

外表椭圆形，通体橙色，黄中带红，肚脐较小包裹在里面。手捏有弹性，软硬适中分量足，大小适中。这样的橙子新鲜、水分足，口感好。

好吃的橙子

脐橙：脐橙是“果中果”，橙子外皮那个“肚脐”一样的环纹凹陷是脐橙的小“副果”。

血橙：果肉有深红色条纹或整个果肉都是红色，是其含有大量的花青素导致的。

冰糖橙：个头比脐橙小，但甜度很高，果汁丰富，同时纤维较多，易塞牙。

最佳赏味期
大雪

分类
无患子目芸香科

原产地
中国南方、印度东北部、缅甸

生菜

加入外太空之旅

作为沙拉碗里的常驻嘉宾，生菜以各种各样的形态出现在你面前。酷似卷心菜的球生菜、叶片柔软如花瓣的奶油生菜和叶末发红的红叶生菜，都是生菜家族的一员，属于叶用莴苣。

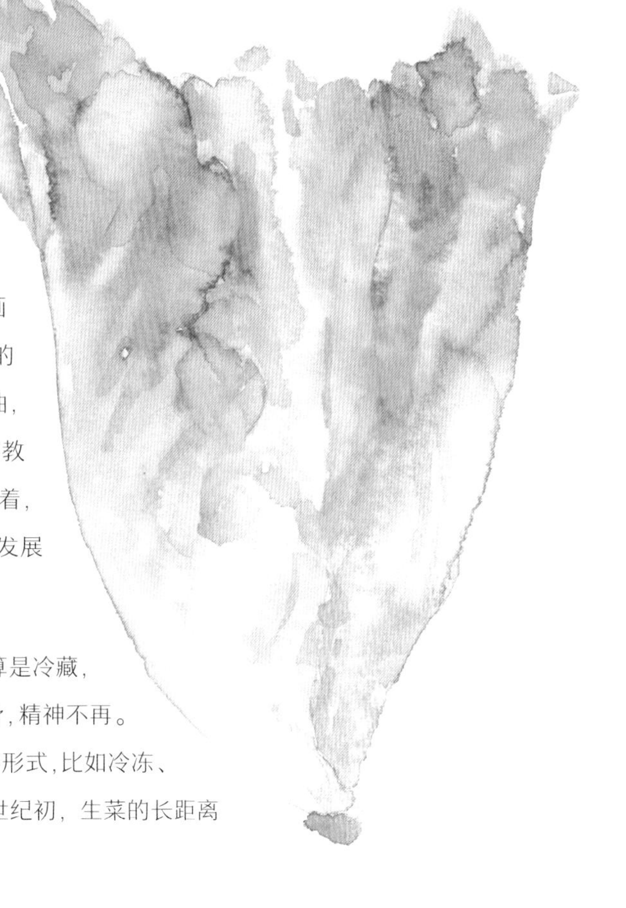

公元前4500年前，古埃及的古墓画上出现了莴苣的身影，这是目前人类发现的最早的莴苣踪迹。起初，它的种子用于榨油，茎内的汁液被认为有助眠的功效，更与宗教联系起来，受到希腊人和罗马人的尊重。接着，莴苣来到了欧洲，在15世纪落户美洲，发展出多个改良品种，在世界各地传播开来。

生菜好种，长得快，但是不易保存。就算是冷藏，不到一周也会变得软塌塌，仿佛被抽去脊骨，精神不再。超过94%的含水量让它拒绝了大部分保存形式，比如冷冻、制成罐头等。在保冷技术并不发达的20世纪初，生菜的长距离运输更是让人伤透了脑筋。

“冰山来啦，冰山来啦！”——那时候美国的铁路有这样独特的景观——当载着球生菜的火车经过城镇，沿途的小孩儿忍不住这样兴奋地大喊。等到终点站，“冰山”的真面目总算露了出来。为了保持冷藏，大量的碎冰堆在生菜纸盒上，一摞摞的，堆成了冰山。从加利福尼亚到东海岸，生菜经历了一场又一场不容易的旅程。好在50多年后，真空冷却技术的发展减轻了蔬菜受损程度，让生菜少受了许多委屈。

这貌不惊人的植物踏遍了大江南北，如今更要冲破天际，漫游太空。回到2015年宇宙里某个角落，国际空间站里的宇航员斯科特·凯利（Scott Kelly）将一枚红叶生菜送进口里，享受着收获的喜悦——这可是在船舱里成功种出的可食用生菜！太空之旅漫长而单调，宇航员们总需要些打发时光的活儿，美国宇航局不断向着在航天器和其他星球上种植食物的愿景不懈努力。有了这样一块“小地球”，宇航员的思乡之情也有寄托了吧。

官窑生菜会

农历正月二十六，官窑生菜会在佛山南海举办。起源于明朝，官窑生菜会在2009年被列入广东省非物质文化遗产名录，从民间习俗演变成文化符号。摊开一张洗净的生菜，包裹着酸菜和蚬肉，寄托着丁财两旺的祝愿。

最佳赏味期
冬至

分类
菊目菊科

原产地
地中海沿岸

挑菜

新鲜的生菜叶片亮泽，青绿生脆，茎色带白，而不新鲜的生菜有锈斑似的痕迹。

甜菜根

拿破仑也出了一分力

蔬菜沙拉里经常有一种红紫色的食材，周围的菜只要碰到它，也会被染色，这个霸道的物种无疑是甜菜根。没吃过的人满心期待尝一口， 味道简直出乎意料，也许以为自己在吃泥。

甜菜根的土腥味让许多人却步，幸好它不需要凭着自己的味道生存。甜菜根的最大本领在于它的糖含量，根据品种的差异，每 100 克甜菜根约有 14% ~ 17% 的重量为糖分，比甘蔗的含糖量要高。但由于甜菜根每公顷的产量比不上甘蔗，它的糖产量则比较低，于是甜菜根成了甘蔗之外主要的制糖原料。

甜菜根制糖的历史始于西方，1747 年，德国普鲁士科学院的化学家马格拉夫（A. S. Margaf）首先发现甜菜根里含糖，几年后他的学生阿查德（Franz Karl Achard）开始种植不同品种的甜菜，并通过人工选择培育出可用于生产糖的甜菜品种。

甜菜糖的推广得益于 19 世纪初的拿破仑战争。1806 年，拿破仑对英国进行贸易封锁，禁止欧洲大陆与英国进行商贸来往，英国也随即宣布断绝法国与其他海上盟国的来往。但由于英国的海上实力强大，封锁令对英国几乎无效，但依靠海路进口糖的法国则受到严重影响。

对此，拿破仑下令改良甜菜品种，到了 1811 年法国已经可以利用甜菜生产糖，并能自给自足。在 11 世纪就以甘蔗为糖原料的中国也于 20 世纪初引进甜菜，目前主要产区分布在新疆、黑龙江和内蒙古，甘蔗产地则集中在中国南部的广西、云南和广东。

无论是甜菜还是甘蔗，生产出来的都是精制糖，因此我们无法从外表看出原料是什么。如果你到了甜菜产区，说不定买的白砂糖就来自甜菜根。

挑菜 新鲜的甜菜根的茎叶水分充足，根球表皮光滑，没有破损和（或）凹凸不平；个头小的甜菜根纤维更细，口感更好。

最佳赏味期
冬至

分类
石竹目苋科

原产地
地中海沿岸

柑

黄龙黄龙别上门

唐宪宗元和年间，被贬广西柳州的柳宗元在这片蛮荒之地种下了 200 株黄柑，企盼“春来新叶遍城隅”。柑树垂荫，柳州人民也建起一座柑香亭，以铭记柳宗元的厚德。

作为纯种橘和橙的杂交种，柑在多年的驯化和选育中衍生出不少品种，诸如蕉柑和椪柑。身世复杂多变，它那清丽的气味却是毋庸置疑的。柳州有黄柑满溢壶城，浙江的柑香更是飘到大洋彼岸去了。

浙江盛产柑橘。宋人韩彦直在任温州知州期间，写出世界上第一部柑橘专著，记录下当时温州地区的 27 个柑橘品种和培种技艺；到了明朝，日本僧人从浙江带走一些本地柑橘，落地日本鹿儿岛。自此，祖籍浙江的柑便在这座小岛上散播开来，通过变异和驯化得到了无核的品种——温州蜜柑。这个新生儿不单征服了日本国民的心，更在 19 世纪 70 年代末进入美国，至今仍是墨西哥湾沿岸地区主要种植的商业柑品种。

柑树耐寒，枝干强健——只要没被柑橘黄龙病缠上。作为柑橘属兄弟共同的敌人，柑橘黄龙病这一不治之症也让柑农叫苦不迭。早在 1925 年，柑橘黄龙病在华南地区被发现。一旦植株的韧皮部受细菌感染，再经由柑橘木虱或嫁接的传播，这场灾难迅速就会蔓延开来——叶片萎缩泛黄、细枝腐朽、果实黄绿不均，最终，树势衰弱直至死亡。20 世纪 90 年代中后期，柑橘黄龙病肆虐广东，全省柑橘种植面积（不含柚类）在整个 20 世纪里跌了将近一半。

尽管至今仍未发现根治柑橘黄龙病的方法，人们防治和补救的脚步依旧不能停下。合理规划种植面积，控制柑橘木虱，通过科学的管控手段让果农们的心血不白白流逝。

左慈以柑戏曹操

《三国演义》第六十八回，孙权派人挑选了 40 多担大柑子送给曹操。队伍走到半路，有位名叫左慈的道士出手帮助挑夫们运柑，奇怪的是，他挑过的担子都轻了不少。到了邺郡，曹操剥开呈上来的柑子，内里竟空空如也，于是抓来左慈问话。左慈毫不惊乱，随手剥开一只柑，果肉都在，惊坏了曹操。

挑果

新鲜的柑叶片鲜绿，表皮光滑，形状均匀圆滑，拿在手上掂一掂，分量沉重的水分足。

最佳赏味期
冬至

分类
无患子目芸香科

原产地
杂交品种

慈姑

泥坑里护着一窝崽

在南方的冬季，慈姑的绿苗受不了寒，逐渐枯萎。而已经完成养分转化的慈姑，则好好地埋在泥里，一个个等着被采收。

采慈姑的人弯着腰站在田里，浑浊的泥水淹到膝盖的位置。一只手摸进冷冰冰的泥里，把圆嘟嘟的慈姑挖起，稍微清洗粘在外面的泥，迅速传递到另一只手装进盆里，然后继续挖下一棵。对于技术娴熟的人来说，不一会就采到一大筐。

生在水中的慈姑一个个连着根，它的名字也源于此。《农政全书》里这样形容慈姑："一根岁生十二子，如慈姑之乳诸子，故名。"生在水里的根一年可以长出 12 个球茎，看起来就像慈爱的母亲在哺乳着自己的孩子。

有趣的是，将慈姑比喻孩子的人不只《农政全书》的作者，还有广东人。人们喜欢在婚礼上祝福新娘："祝你早日生翻个慈姑椗。"这句粤语的意思是"祝你早生贵子"。由于慈姑的外形像小男孩的生殖器，所以"慈姑椗"这个词特指男丁。在一些传统的广府婚礼上，人们会用慈姑来祭祖，也有人用作送礼，都是表达生个男孩的愿望。

不像马蹄的清甜，慈姑的味道有点苦涩。一般的做法需要将慈姑和肉同煮，清炒时爽脆，红烧或者煮汤则可以得到绵糯的口感。肉类的油脂能中和慈姑的苦涩，并带出它独有的甘香。李时珍也曾记录过慈姑去苦涩的方法："须灰汤煮熟，去皮不致麻涩戟咽也。"中医还认为慈姑偏寒，于是也有人喜欢在煮慈姑的时候多放些姜，用于驱寒。无论苦还是寒，爱吃的民族总会想到最佳的吃法。

慈姑一家人

泽泻科的慈姑属有 30 多个物种，全部是水生植物，我们常吃的慈姑属于野慈姑的一个栽培品种。慈姑们喜欢阳光充足的浅水地带，它们分布在世界各地的沼泽、湿地、水稻田和江河入海口。慈姑属有较高的经济价值，可供食用、入药、观赏，或制成动物饲料。

挑果

应选择表皮完整、光滑的慈姑，健康的慈姑质地结实，无水伤腐臭味，避免选择表皮破损和果腐烂的慈姑。

最佳赏味期
小寒

分类
泽泻目泽泻科

原产地
中国

茼蒿

清满乡野的黄金花

茎秆笔直，叶如羽毛，顶上一朵开得奔放的小花。起初，茼蒿在欧洲庭院里静静扮演着被观赏的角色，哪想一来到中国，竟突破栅栏围墙，散播乡野田间，成了一道独具风味的食物。

外白内黄的花与菊花格外相似，因此茼蒿也叫菊菜，表明了它的菊科属性。起初，现代生物分类学之父卡尔·林奈将茼蒿列为菊属，属名“Chrysanthemum”是希腊语“chrysos”（gold）和“anthemon”（flower）的结合，他为菊花冠以“黄金花”之名，再贴切不过了。

依叶片大小，茼蒿可分为大叶茼蒿与小叶茼蒿两类。叶片宽厚，锯齿较浅，大叶茼蒿的耐寒性较低，通常生长在南方；而小叶茼蒿茎秆长，植株更高，叶片小且锯齿深，也就是北方市场常见的蒿子秆。茼蒿喜欢凉爽，最爱20℃，一旦环境气温低于12℃或者高于29℃，便生长缓慢且不良。

茼蒿叶嫩，附着在略带纤维的绿茎上，散发清冽的草本气息。茎叶皆可生吃，入口层次变化，带出温和独特的苦味。这种味道广泛存在于菊科植物中，由多种芳香活性化合物组合而成。随着茼蒿的成熟，“蒿气”更加逼人，若不愿让口腔捕捉过分浓重的苦涩，就得在开花前采摘嫩枝。

凉拌尝鲜，涮锅一流，茼蒿更有不少新奇的吃法。将择洗干净的茼蒿沥水，整根裹上蛋液和炸粉，入热油炸成天妇罗，极具日式风味。茼蒿天妇罗还得搭配由研磨芝麻、芝麻酱、味醂、酱油、米醋和高汤制成的麻酱，油香与草味对比鲜明；在传统的台湾蚵仔煎中，貌不惊人的茼蒿叶减去了海腥味，又不至于夺走主权；不只茎叶，茼蒿的花瓣也可以被制成泡菜，但花的中心则太过苦了。

天然的抗虫剂

茼蒿释放出的独特气味也是一道防御屏障，将菜粉蝶等植食性昆虫拒之门外。多种活性物质由植株自身产生，抑制昆虫的味觉感受器，从而阻止昆虫啃食自己。因此在大多数情况下，茼蒿不受病虫害的侵扰，无须杀虫剂出场。

挑菜

过了新鲜期的茼蒿叶片边缘泛黄、茎秆松软，苦味更重，而幼嫩的茼蒿口感更清爽。

最佳赏味期
小寒

分类
菊目菊科

原产地
地中海沿岸

番木瓜

一株向上猛长的草

到了番木瓜生日的那一天，它大概会虔诚又贪心地许下两个愿望：一是百年后，人们不会忘记它的名字；二是它其实是一株草，希望大家稳记心头。

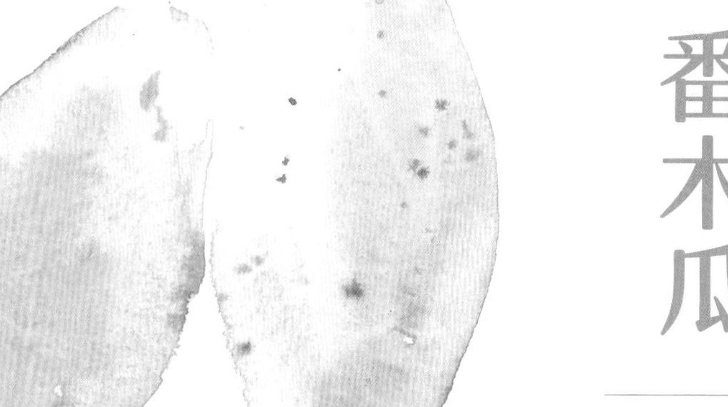

平日在水果摊和甜品铺里见到的木瓜，时常被遗忘了“番木瓜”的大名。17 世纪，这位来自美洲热带地区的朋友游历中国并扎根下来，因形如本土木瓜，于是人们加上“番”以示区别。与番木瓜不同，本土木瓜果实小，不能直接吃，多用于制药。

一柱擎天，展叶如伞。若是站在番木瓜树前真切地观察，你轻易就能发现它们没有分枝，叶柄长长地四散开，顶部垂挂着数十只果实。确切说来，这不是树，而是一种树状草本植物。番木瓜这株“巨草”，能长成 5~10 米高的景观，要是生了分枝，多半是根系受了伤，发育不良。

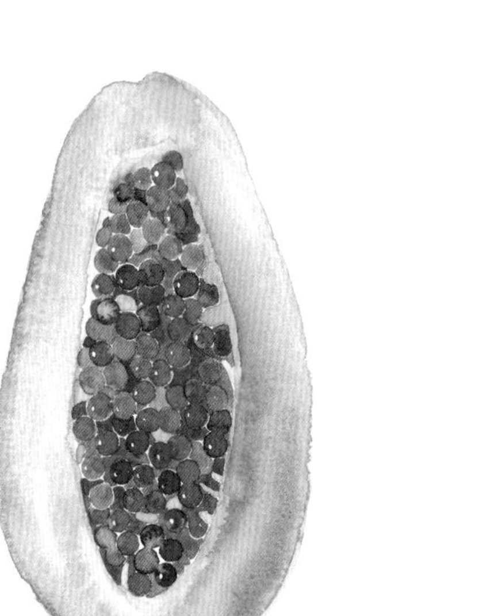

目前全球商业种植的番木瓜主要有两种——夏威夷木瓜和墨西哥木瓜。梨形的夏威夷木瓜没有墨西哥木瓜重，但果味更浓厚，多亏了夏威夷肥沃的火山土和适宜的气候。作为热带和亚热带地区的常客，番木瓜不喜低温，21~32℃的环境最佳，低于 0.6℃植株便会死亡。不光在温度上有限制，番木瓜还怕风害。不断侵袭的风会令叶片发皱，加之果实沉重，植株容易倾倒，因此，番木瓜一般种植在岛屿的背风侧等防风区域。

身处自然，总会碰上些大大小小的“麻烦”。且不说可口的番木瓜斩获了多少人的喜爱，就连木瓜果蝇（Toxotrypana curvicauda）也在暗处觊觎。长得与黄蜂有几分相似，木瓜果蝇起初没能引起果农们的警惕，直到零星果实腐烂落地，才发觉上了这“假面黄蜂”的当。番木瓜果蝇拿番木瓜做了自己的“子宫”，刺破果皮产卵，幼虫便在果实内部吸收养分，待到行动自如便从茎部出逃。事后补救不如事前预防，在番木瓜果实较小、花朵刚落之时套袋隔离，能够有效防御这群不速之客。

绳子、胡椒替身与天然嫩肉剂

不光果实美味，番木瓜全身上下都能派上用场。长茎是编造绳子的优质材料，黑色辛辣的种子是胡椒的替代品。果实未成熟时喷溅出的白色乳胶含有木瓜蛋白酶，能够降解坚韧的肉纤维，同菠萝蛋白酶一样被加入到商业肉类嫩化剂的成分中。

挑瓜

表面呈淡黄色，有许多斑点，手指轻按微软，划开表皮会分泌出牛奶状液体，这样的番木瓜成熟又新鲜，口感鲜甜、多汁。

同时瓜肚要大，体形越胖越好。

最佳赏味期
小寒

分类
十字花目番木瓜科

原产地
南美洲

大白菜

计划经济年代的北方记忆

在以往温室大棚技术尚未普及之时，对于北方民众来说，入冬前最要紧的一件事，就是往自家地窖里囤足大白菜。耐低温、价格平实、吃法奇多，没有什么比它更适合寒冬做伴的蔬菜了。尽管如今无须囤上百斤，大白菜仍在人们的生活中占据不低的地位。

卷曲的叶片层层包裹，由最外层的浅绿逐渐向内收成浅黄，长成紧密结实的圆柱体。再贴近，白色的细脉贯穿在或黄或绿的叶片上，自成规律。上手一掂，哟，可沉，94% 的含水量实在得很。

长存于计划经济年代记忆中的大白菜，其起源可追溯到六千年以前。在西安的半坡遗址里，考古学家在陶罐中发现了已经炭化的白菜种子，证实了新石器时期大白菜的存在。在之后的栽培选育中，大白菜衍生出更多品种，国与国的交流更加促进了它远游四方的步伐。朝鲜王朝是大白菜的第一站，明朝之时开拓新家；19 世纪以来，更是到日本、美国和澳洲等诸多新土地上“开了眼界”。

作为两年生作物，大白菜需要时间积蓄清甜的能量。6 月到 8 月，松软的土壤里播种下健康的白菜籽，经历过发芽期和幼苗期，大白菜即将迎来关键时刻；莲座期期间，发达的外叶长出，为接下来的结球期提供养分，中心的小球叶也逐渐形成；天气愈来愈冷，大白菜进入了结球期，球叶吸收了足够的养分，扩充成结实的叶球。外层的大叶老化也不怕，中间包裹着的“胖娃娃”可健康了。

在寒冬中历练，也要躲得过暴雨。若将大白菜种植在低洼地带，多雨时节积水难以排出，根部长时间潮湿，病害极容易蔓延。因此，得在高垄处撒播新种，令大白菜的根系时刻保持健壮。

大卡车运来一整个冬季

“哔——哔哔——”前一辆卡车还没把大白菜卸完，又有一辆紧停在后头，三轮车赶紧凑上前，码满了一车大白菜。20 世纪六七十年代的北京，1～11 月，家家户户的头等要事，就是上街排队买大白菜。板车蹬着，手里抱着，连小孩儿都得出动。北京市政府设立起“秋菜指挥部”，为冬储大白菜保驾护航。

挑菜

新鲜的大白菜紧实，外叶没有散开变软；叶面完整翠绿，腐烂发黄的新鲜度已经打折。

最佳赏味期
大寒
分类
十字花目十字花科
原产地
中国

橘子

掰出一手油

春秋时期，齐国政治家晏婴一句“橘生淮南则为橘，生于淮北则为枳”化解了宴席上楚王的刁难，却给后人留下了一道伪命题。事实上，橘和枳是两个不同的物种，前者为柑橘属，后者是枳属，虽枝叶形态相似，但枳更耐寒，可逾淮河种植。

柑橘属家族之间的关系向来是剪不断理还乱，纯种橘占据了“三大鼻祖”中的一席，同香橼和柚子一道开枝散叶，创造了柑橘属的天下。纯种橘可以分成两类，一种是酸甜适中的可食用橘子，另一种则因太酸而无法入口，比如酸橘。别看酸橘无法直接得到大众的喜爱，它可是农户们在嫁接时候的得力干将——因为根系发达，用作砧木来提高抵抗病虫害的能力，并且强化植株的整体状况。

未食先闻其香，橘子散发出的气味总能让人感到精神舒缓，这是油腺在吸引你的注意力。要想在众多蔬果中认出芸香科的植物，其独特的香气是一大标识，再仔细观察，你会留意到它们的茎、叶片、花瓣和果实都具有分泌腔，也就是“油腺”。当你轻易地剥开橘子皮，指尖沾上汁液，油腺遭到挤压喷发出含有挥发性气味的化合物。

对于植株来说，这是属于它们的防御机制，既可以作为吸引传粉生物的媒介，又能引诱寄生虫的天敌为自己除害；而在商品市场，橘子油被激发出更多商业潜力。通过冷压法萃取橘皮中的天然植物油，在化妆品、调味品和芳香疗法中广泛应用。

长袜里的惊喜

在中国，橘子被赋予大吉大利的好意头；而在西方国家，一到圣诞节，若是能在床头的长袜里摸出一只橘子，再欢喜不过了。传说中，圣诞老人的原型圣·尼古拉斯经过一户人家，听闻主人的三个女儿因买不起嫁妆而无法结婚，将金球扔进烟囱掉落进长袜里，之后，橘子便演变为幸运的象征。

挑果

看一看，叶子新鲜的品质好；闻一闻，透过橘皮就能闻见清香；捏一捏，果肉结实弹力好的皮薄水分多。

最佳赏味期
大寒

分类
无患子目芸香科

原产地
中国

柚子

天生一套阻尼器

一片柚海，依山蔓延，柑橘家血统纯正的“大只佬”稳稳地挂在枝头，光线将它们从阴影里推出。圆润光滑，柚香轻溢，大个儿也照样美得不动声色。

原产于东南亚，柚子在热带、亚热带低地茁壮成长，17 世纪中叶开启了西方探索之旅。1638 年，东印度公司的沙多克船长前往西印度群岛的最东端——巴巴多斯，播种下来自马来群岛的柚籽；1696 年，往西再走一步，柚子进入了牙买加的种植园。

作为柑橘属里体形最大的成员，柚子一般能长成宽度 15~25 厘米的模样，1~2 公斤的体格，若野心够大，甚至可以达到 10 公斤的程度。称不上身轻如燕，柚子能像其他柑橘兄弟一样安心地吊在树上，还得仰仗着结实成熟的枝干。因此，牢靠的柚木常被用于制作工具手柄。

柚子在栽培选育中变化不大，保留着一些野生特性——厚厚的中果皮和内果皮。在柚子表面划开几道均分的口子，不破果肉，再徒手掰开，你会发现这层海绵状白髓竟出奇地容易拆卸；接下来沿着低凹的界限分瓣，撕开微苦的内果皮，就能得到泪珠形状的小囊泡了。

尽管柚子皮厚实，戴在头上却轻盈得很，这得益于其独特的果皮构造。多孔海绵状的中果皮使得柚子在撞击中能自身减缓振动幅度，为内部果肉提供强有力的保护。实验证明，2 公斤的成熟柚子从 10 米以上的高空坠落，没有出现明显外伤，内部也依旧完整。科学家们从中得到灵感，利用柚皮这一套天生的阻尼器，开发出安全帽、防撞装备和新型铝复合材料等。

白髓怎么吃

当你好不容易尝到多汁柔软的果肉，千万别把生涩的白髓给扔了，一下锅，这层“海绵”立马就变了身。白髓适合与鱼肠等油腻食材一同焖煮，果皮吸饱了酱汁，还带走了油腻，更增清香。

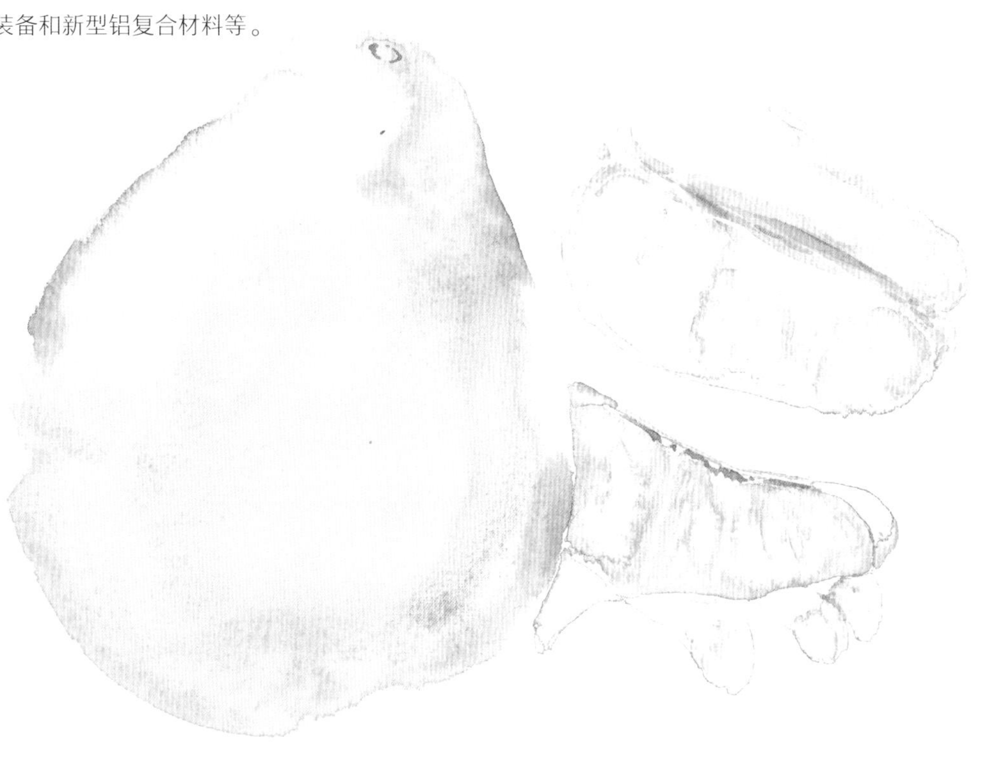

挑果

头尖颈短的柚子皮薄肉厚，平放不倒的质量好。外表光滑有光泽，说明成熟度不够，还得再放几天，直到出现皱痕。

最佳赏味期
大寒

分类
无患子目芸香科

原产地
东南亚

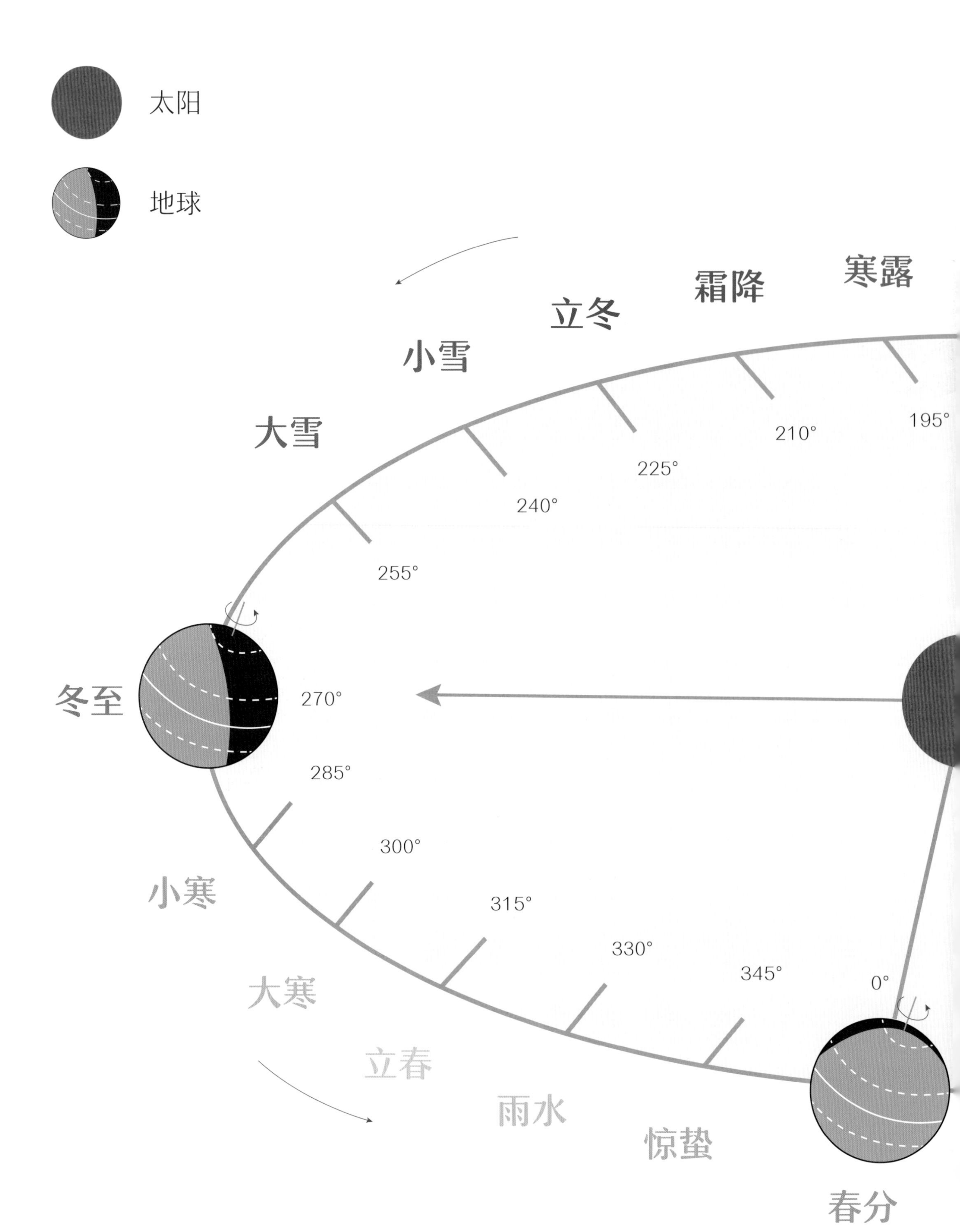
太阳
地球
寒露
霜降
立冬
小雪
大雪
195°
210°
225°
240°
255°
冬至
270°
285°
300°
315°
330°
345°
0°
小寒
大寒
立春
雨水
惊蛰
春分

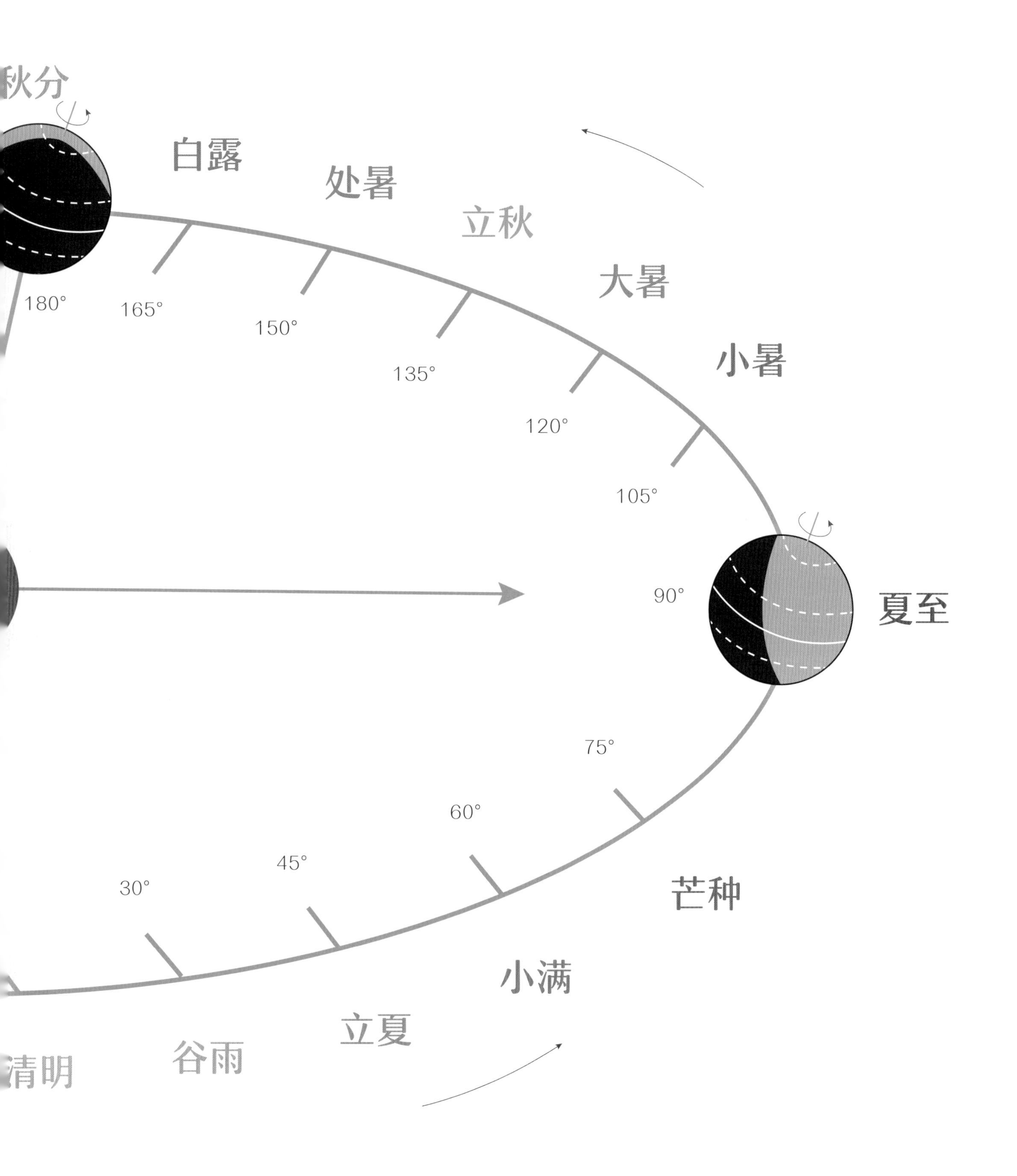
秋分
白露
处暑
立秋
大暑
小暑
180°
165°
150°
135°
120°
105°
90°
夏至
75°
60°
45°
30°
芒种
小满
立夏
谷雨
清明

致谢

该书得以顺利出版，全靠所有参与本书制作的艺术家和工作人员的积极配合。gaatii 光体由衷地感谢各位，并希望日后能有更多机会合作。

gaatii 光体诚意欢迎投稿。

如果您有兴趣参与图书出版，请把您的作品或者网页发送到邮箱：chaijingjun@gaatii.com。